爱自己，就会有人来爱你

[德] 爱娃-玛丽亚·楚尔霍斯特
Eva-Maria Zurhorst
[德] 安娜莱娜·楚尔霍斯特
Annalena Zurhorst /著

陈琴 /译

中国妇女出版社

著作权合同登记号　图字：01–2024–6366

图书在版编目（CIP）数据

爱自己，就会有人来爱你 /（德）爱娃–玛丽亚·楚尔霍斯特，（德）安娜莱娜·楚尔霍斯特著 ；陈琴译. 北京 ：中国妇女出版社，2025．2．-- ISBN 978–7–5127–2446–4

Ⅰ．B842.6–49

中国国家版本馆CIP数据核字第2024WL0812号

执行策划：黄　河　桂　林
责任编辑：丁　鼎
特约编辑：钟　可　郎　平
版式设计：吴　颖
封面设计：东合社
责任印制：李志国

出版发行：中国妇女出版社
地　　址：北京市东城区史家胡同甲24号　　邮政编码：100010
电　　话：（010）65133160（发行部）　　65133161（邮购）
网　　址：www.womenbooks.cn
邮　　箱：zgfncbs@womenbooks.cn
法律顾问：北京市道可特律师事务所
经　　销：各地新华书店
印　　刷：深圳市精彩印联合印务有限公司

开　　本：148mm×210mm　1/32
印　　张：7
字　　数：130千字
版　　次：2025年2月第1版　　2025年2月第1次印刷
定　　价：69.80元

如有印装错误，请与发行部联系

致中国读者的信

Dear chinese readers,

Thank you for allowing us to share our book with you and show you how you can be happy and fulfilled in your relationship life again. You will be amazed when you read it: You actually have so much more control over whether dating and love will finally work out than you realise. We sincerely hope that you will discover the truth about yourself when you read it. Namely that you are lovable, just the way you are, and that you don't have to make an effort to find love. And that you can make the changes within yourself that make you attractive and show you the right path to a new partner much more easily than you think.

We wish you lots of love and send you warm greetings from Germany.

Eva-Maria & Annalena Zurhorst

亲爱的中国读者:

感谢能与你分享这本书，并告诉你现在可以重新获得幸福美满的感情生活了！读完这本书，你一定会大吃一惊。其实，对于约会和爱情能否最终成功，你的掌控能力比你自己意识到的要强得多。我们衷心希望你能发现真实的自己。当你读到这本书时，你会发现自己是可爱的，你就是你，你不需要为寻找爱情而付出努力。你可以改变自己，让自己变得更有魅力，这会使你比想象的更容易找到新伴侣。

我们衷心祝愿你找到真爱，并向你送上来自德国的温暖祝福。

爱娃 - 玛丽亚 & 安娜莱娜 · 楚尔霍斯特

爱自己，就会有人来爱你

达拉，谢谢你让我明白如何单纯地被爱，
让我明白如何在此基础上经营亲密无间、真挚的友谊。

亚历克斯，谢谢你让我看到什么是随时随地的守候。
你可能知道有些事我本不必做，
知道我做这些事没有任何好处，
但你一直陪在我身边。

R，谢谢你让我知道在一段感情中真正爱一个人意味着什么，
让我知道这有多珍贵。

丹妮艾拉，你是我的无价之宝。
这本书献给你，希望你能勇敢地展示真实的自己。
终有一天，你会知道自己有多棒，多可贵。

安娜莱娜

本书赞誉

任　丽

壹心理年度优秀心理咨询师，《我们内在的防御》作者

“爱自己”近年来成了一个非常热门的概念。事实上，它的流行反映出很多人并不清楚自己究竟想要什么，也不知道如何去爱自己。正如《爱自己，就会有人来爱你》一书中所描绘的，曾经深陷“恋爱脑”的女儿，在感情中屡屡受伤，终于通过母女之间的深入对话，开始正视自己。她意识到，自己不断向外索取爱的根源，其实是内心深处的恐惧与不安。唯有回归爱的源头——自己，通过疗愈内心因过去痛苦经历所留下的创伤，如朋友的背叛、父母的争吵、同伴的嘲讽、不被重视和不公平的对待等，才能清理情感的“硬盘”，进而吸引到真正适合自己的人。

刘亿蔓

系统式家庭治疗师，资深婚姻两性关系专家

就像书中所说，“我们所有对待外在世界的态度，都是我们内在世界的投射”，本书揭示了自爱与被爱之间不可分割的联系。书中引用了大量心理学相关研究和真实案例，证明了自尊、自信及自爱是吸引正面人际关系的关键因素。

本书不仅是个人成长指南，更是让社会和谐的智慧箴言。它告诉我们，只有当我们学会珍视并爱护自己时，才能激发出内心的光芒，吸引那些能够真正欣赏我们的人进入我们的生活。这不仅是一本关于自爱的书，更是一次心灵的觉醒之旅，引导读者走向更加充实与幸福的人生。

王　宇

萨提亚家庭治疗师

在这个高呼“爱自己”却又常让人备感迷茫的时代，《爱自己，就会有人来爱你》犹如一盏明灯，照亮了通往内心深处的幽径。“爱自己”不仅仅是一句口号，更是我们内心情感与行动交织的艺术体现。这本书绝非空洞的心灵鸡汤，而是一部引领自我蜕变的实用指南。找到你的需求所在，翻开它，开始你的阅读之旅吧。

作者简介

一位清醒、勇敢的妈妈

爱娃-玛丽亚·楚尔霍斯特

靠一己之力让自己的破碎婚姻起死回生；
从出版界和广播界转行职业心理咨询师；
现在是欧洲备受信赖和欢迎的情感医师。

一位打败“恋爱脑”的女儿

安娜莱娜·楚尔霍斯特

从对感情有“错失恐惧症”，
到自信选择自己的人生；
从不想跟父母的理论沾边，
到主动和妈妈一起工作；
现在是同龄人的冥想教练。

“爱自己”系列畅销书

《爱自己，和谁结婚都一样》

自我治愈的温暖系情爱婚恋手册

连续9年长踞德国亚马逊两性关系畅销书排行榜

全球热销500万册

作者序

为什么母女共写这部婚恋作品？

女儿 我是安娜莱娜。曾经的我，有着　头红发、　口龅牙和满脸的雀斑，学校的男生都叫我“马脸”。时至今日，我依旧无法轻松地写下这些文字。我迫切地想把自己的经历写出来呈现给你，也呈现给过去那个既不合群又不酷，还总是感到孤独的自己。

刚入学的时候，我非常渴望拥有朋友，却总被女孩们排挤。后来，我开始对男生有了浪漫的幻想，也体验到恋爱的甜蜜感觉。不过之后的经历令我一度对爱情感到迷惘，情感的幻灭让我对恋爱有了清醒的认知。

以前我觉得自己的父母很无趣，一点也不想跟他们的心理治疗沾边，总是自己想办法，去融入别的圈子；而现在，我却和妈妈一起写了这本心理学书籍，我的生活也因此变得忙碌而充实。

我说生活充实，不是因为一帆风顺，而是因为我掌握了不可思议的方法。现在，无论陷入何种困境，无论多么沮丧，这些方法都可以让我走出来。我想把它分享出来，希望你也可以利用它克服困难。这本书会让你知道，充满恐惧和担忧的不止你一个。那些让你迷惘和孤独的困境都是可以被化解的，我希望能帮你重拾价值感、自信心和幸福感。

这些方法中对我帮助最大的是冥想。冥想符合现代人的追求，它能够随时随地、随心所欲地练习。可能你现在会嗤之以鼻："不会吧！冥想？！"但是，我要告诉你：我懂你的感受。我的父母是资深的冥想教练，我之前就是这样想的："天哪，太尴尬了，我才不要干这种事！"直到 12 岁那年，我遇到了一些非常不愉快的事情，不得不尝试冥想。因为我的妈妈一再对我说："相信我，冥想会让你丢掉恐惧。"

现在我每天都会冥想，我做到了很多此前无法想象的事情：

扭转心情、应对困境、化解压力、专注目标、感知梦境。在你真正准备好开始日常练习时，你就可以冥想了。

我收集了我所遇到的与人际关系和自我价值相关的问题，并将它们有序编排，我将和我的妈妈一起来解答这些问题。

妈妈 我是爱娃。作为妈妈，我必须说：能参与这件事，我感觉很幸福。我一直都认为我的女儿独一无二，美丽又可爱，她是我生命中最珍贵的礼物。我曾陪着她度过那段痛苦的时光，当我看到她深受折磨，而我却无法将曾经帮助过我的办法教给她时，我心如刀割。我有帮助成年人的方法，但不适合她，她也不接受。

我除了是一位妈妈，还是一名职业心理咨询师。过去，我曾为上万对夫妻提供过帮助；现在，我正在与两万多名女性一同进行“爱是万能的”蜕变训练。我正在全心全意带领她们进行安娜莱娜说的“冥想之旅”，而她们也已经在这趟旅程中发生了不可思议的变化。我同时还是一名热衷思考的研究者，我满怀激情地探索那些超越年龄的无限可能，从未停止优化我的那些方法，直到它们也适用于安娜莱娜，让我逐渐能帮助她。

安娜莱娜的问题解决了。一个想法在我心头生起：让千千万万的年轻人尽早学会这些方法，让他们不要再像以往一样迷失自我。大家应该尽早知道，生活、关系和满足感都是由自己定义的。又恰好有一天，安娜莱娜对我说："妈妈，我觉得让我的姐妹们也知道这些特别重要！"于是，我们就一起制订了写书和同步开设线上蜕变课程的计划。

很高兴我的经验和知识能在这里派上一点用场。我将从始至终倾囊相授，让你不再狭隘地理解你和自己的关系。因为学校里没人告诉你，你能通过你的所思、所感创造你的现实世界；我们要通过这本书告诉你，如何改变思维与感觉，然后改变你的关系、体验、感受、局限和恐惧，重新定义自己的幸福。

这是我对你永恒不变的祝福!

如何使用这本书？

这本书由我——安娜莱娜来写，妈妈会不时地对一些事情进行更为深入的解释。读这本书时你不用像读小说一样从头读到尾。

我们会先在第一部分让你掌握能转变自我认知和关系认知的基础知识。有了这些基础知识，你才能真正理解第二部分，才能茅塞顿开。所以，我建议你不要只是花时间“阅读”第一部分，而是真正“读透”这部分。它将帮助你更好地了解自己，更高效地做出改变，不再独自一人继续试错。这部分就像扑克牌的规则，没有它，你就无法看懂牌，无法真正参与游戏。

进入第二部分，就正式开始“游戏”了。在第二部分中，我们将四大情感话题依次进行分享，你无须依次阅读，可自行选择当下对你重要的话题。我们会附上实用的日常冥想训练方法,你可以学以致用。冥想无法“读”会，必须操练起来。你只需做两件事，生命的转变就会发生：闭上眼睛，放松自己！

找准你需要的，就可以开始阅读啦！

懂得如何爱己，
知道如何爱人

目　录

第一部分　我们的不安和感情受挫从何而来？

第二部分　母女对谈四大情感话题

自我怀疑　单身困惑　关系紧张　分手之痛

爱自己，就会有人来爱你

第一部分

我们的不安和感情受挫从何而来？

我们所遭遇的一切，其实是在提醒我们，我们内心深处依然有未愈合的创伤，它们或深或浅，遍布各处，它们难以察觉，但从未消失。

我渴望一次正常的恋爱，可为什么总搞砸？

我的一位朋友总是在一个怪圈里打转：她会先在社交软件上与某个人相谈甚欢，当对方积极回应她，并约定要见面时，她会欣然赴约。之后，对方就会突然没有任何预兆和理由，也没有任何解释就断了联系，从她的生活里消失。

还有一位朋友也经常陷入类似的死循环：她先跟某个人有几次轻松愉快的见面，进展顺利。如果她开始对这段关系有所期待，她就会变得拘谨，不再无拘无束。她会努力让一切看起来无可挑剔，且自然得不着痕迹，但对方还是会突然离开。

而第三位朋友的经历恰恰相反：她总是无法自拔地坠入爱河，一段时间后，对方希望更进一步，她却觉得窒息。虽然她十分渴望有一段稳定的关系，但她还是开始逃离。从某个时刻开始，她不断挑对方毛病，然后不停地找借口跟对方分手，最后她会对自己说："其实我也不是很想稳定下来。你看，只要我向右滑一下屏幕，又有一个更好的……"她就这样从一段关系中抽身，又投入下一个循环：寻找对象、坠入爱河、摇摆不定、寻找借口、抽身离开……如此周而复始。

显而易见，无论是你、我，还是我的三位朋友，遇上这样的事情都绝非偶然。出现这些情况，不是因为我们遇不上对的人，而是因为我们内心有一些固定的模式。虽然听起来有些匪夷所思，但事实是：在处理两性关系上，我们每个人都遵循着一套固定的程序。我们的故事或许千差万别，但破坏我们关系的机制可能千篇一律。无论我们再怎么咬定是"某个人"害我们不幸、沮丧和痛苦，我们再怎么不愿意承认，真正的原因都是我们自己。

恋爱总是谈成"幽灵恋"

最近，我和妈妈有过一次不愉快的谈话。我告诉她我谈了场“幽灵恋”，对方突然消失了。消息不回，电话不接，我就像和“幽灵”谈了场恋爱。这样的事在我们这代人中越来越常发生，尤其是在从网恋转入现实恋爱的时候。相信很多女生都有过类似的经历，但这是我人生中的第一次。

我和一个男生甜蜜地网聊了一段时间，他每天会发很多消息给我，说相见恨晚、太久没有跟人聊天聊得如此投机云云。当时我是完全放松的状态，并没有很关注他，在我很忙或者不知道该说什么的时候，我没有秒回他的消息，他就会穷追不舍，对我进行消息“轰炸”，想约我见面。

当时我满心欢喜，感觉幸福极了，但我的思绪有些乱，也有些犹豫，因此没有立刻答应他。我不是在故作矜持，只是因为内心非常放松，所以想顺其自然吧。直到有一天他跟我说：“后天我来找你。”这是他发给我的最后一条消息。从此他就变成了“幽灵”，不再主动给我发消息，也不再回复我的消息，这个人仿佛从地球上消失了一样。

之后的几天，我感觉自己像被车撞了那样：本来好好地在路上开着车，却突然“砰”的一声，好像要被甩出去了，但又被安全带紧紧地勒住……全世界都安静了，独留我惊魂未定。

妈妈见我这个样子，嘴上说着“天哪，可怜的孩子……”，接着便发出了典型的“楚尔霍斯特之问”：“你不是不久前才遇到这样的事情吗？也是结束得莫名其妙，令人难以理解。”我心想“才没有呢”，但也不得不承认，在结束两段时间较长的感情之后，我与异性的交往确实令人无语，或者说不明不白，令人疑惑。有好几次，在和异性约会一段时间后，我还在问自己：“我跟他现在究竟是什么关系……”

你所经历的，正是你内心所相信的

遇到这种事情的人应该不止我一个。我的大多数女性朋友在与男性交往时也时常迷茫、气恼，因为太多男性好像都将自己的内心和感情完全封藏了起来。他们有些只想跟你发生关系，有些又会凭空消失，有些和你见了几次面之后就突然和你形同陌路。

我不能对妈妈说：“唉，妈妈，没什么，他们只是让我很生气而已。”因为她会说：“安娜莱娜，你知道事情并没有那么简单。也许有些男人确实没有敞开心扉，但你自己呢？你真的将上两段感情清理干净了吗？虽然你跟他们分手了，但你真的跟他们告别了吗？你真的打开心扉，准备迎接新感情了吗？”

妈妈一如既往地问了我一个问题：“这件事跟你的关系是什么？”

我的家人坚守一个信条：如果有人突然从你的生命中不辞而别，那你身上必定有某种经历、信念和痛苦是与这件事情契合的。虽然看似是对方不好，他伤害了你，但你身上一定有某种东西“诱发”了这种行为。

你可能不习惯这样看待事情。我也是花了好几年时间，在经历了两段较长的感情、经过极度的不安和对孤单的恐惧后，才真正打开自己。学会换一个角度看问题，审视和清理自己的内心，不再从外部寻找原因或办法的时候，才能为自己的内心找到“定海神针”，所有的依赖感、无力感才会开始发生改变。

我们家这样的处事方式很少见，许多人可能无法适应，但我对此充满感激。因为我的生活被它改变了，我从未想过生活会变得这么好。

当你明白自己不是某事的“受害者”时，你就知道是思维决定经历，甚至是思维创造了现实。通俗易懂地说：你会发现在与别人相处时，自己不是无力、无助的，而是恰恰相反，你对生活中所发生的事情有着极大的影响力，你可以让自己的生活重新充满爱。这个目标现在看起来好像遥不可及，但请相信，你很快就能重新与自己愉快相处了。

我们所有对待外在世界的态度，都是我们内在世界的投射。

回到刚刚讲的事情，在我妈妈眼里，我的“幽灵恋”并不是看起来那样的。她不会将我视作被某个“渣男”玩弄的受害者，而是认为我生命中某种痛苦和迷惘在重复。

是什么痛苦和迷惘在重复？后面将会仔细讲述。在这里，希望大家也能像我和我妈妈一样，不再长时间沉浸在埋怨中，不再将责任推卸给外界。最重要的是，先观察自己的内心发生了什么变化，你与整件事情有什么关系。

孩子，你真的想要一段美好的关系吗？

在这里，我——爱娃，将对此做出回答。我会解释一些深层的原因，让你更容易找到走出困境的路。

如果你总是心里想做的是一件事，最后做的却是另一件事，那就是潜意识在作祟。潜意识里有一些消极的信条和感觉，它们像电脑程序一样设定我们的经历。

比如，当你渴望某个人靠近你、全心全意地在你身边，但你却经常联系不到他，那你潜意识里要么是害怕过于亲密的关系，要么是认为自己不配拥有亲密关系和爱。你在一段关系里总是不如意，是因为有一部分的你相信那个相反的结果。

你可能特别憧憬一次顺利的约会或一段正常的关系，但是说实话，你的心真的笃定想要吗？或许你的脑海中还有这样的想法：唉，这次约会反正都会失败的。这其实就是你不相信生命中出现了一段真正美好的关系，或是你害怕真正的亲密，假装很平静，但你其实很不安。

如果你足够坦诚，就会发现异性离开你的原因大多与你自己有关，只是你不愿意承认。内在的你一方面热切地渴望一段新感情，另一方面又想疏离对方、溜之大吉。

当然，要改变习以为常的思维方式，可能会让你感到别扭，但相信你也会意识到，改变自己才是唯一正确的态度。因此，在不喜欢的事情反复发生之时，你需要找到解决之道。

伴侣不是我们自身问题的根源，而是帮助我们发现问题、解决问题的救星。

95%的“我”属于潜意识层

内在的你有一个意识层和一个潜意识层。当你有意识地说

“我”时，指的是其中一个层次的“我”，只是5%的“我”。你觉得了解的这部分自己，不过占“全部的自己”很小一部分。因此，你主动表达的愿望和意志，对你的生活产生的影响比你想象的要小，影响最多不超过5%。

另外的95%属于潜意识层。当你的意识想做什么时，你的潜意识可能就会产生反作用力：怀疑、畏惧，或者完全不同的愿望。这个潜意识王国里，充斥着源自过去的基本信念和潜藏的想法，比如：我根本不配拥有这样的关注、成功或亲密关系。

潜意识畏惧太亲密的关系，是因为内心深处还隐藏着某些似乎早已忘记的经历，这些经历可能会让你体验亲密的同时体验伤害、分离和失去。所以在力量薄弱的意识说“是的，我想拥有一段美好的感情”的同时，看不见的、强大的潜意识可能就在说：“感情？算了吧，这可能让我很痛苦。我宁愿人间蒸发。”

如果你能以上述这种眼光看问题，就可以在本书开头提到的安娜莱娜的朋友（我们暂且称之为A）身上看到意识和潜意识之间的抗争。

A一开始总是爱得无法自拔，但当对方想更进一步时，她便开始逃避。意识层的她跟朋友们说：“唉，我真的很想遇见我的真命天子……我想拥有一段真正美好、幸福的关系。”而当她身边真的出现了想跟她在一起的异性时，她又逃之夭夭。这是因为她一旦感受到亲密，潜意识便会立即想到被抛弃和被伤害。

我们来回溯一下 A 的成长经历。A 的父母曾经发生过激烈的冲突，孩子们每次都被卷入其中。直到多年后的今天，A 的妈妈依然十分痛恨 A 的父亲。每当孩子们想见父亲时，她都会说父亲的坏话，让孩子们心怀愧疚。每次 A 尝试跟父亲联系，都像穿越雷区般战战兢兢。

你大概已经看到了，A 在原生家庭中经历的关系和她当前在约会中的表现存在着联系。你会看到她依旧害怕信任别人。因为她的潜意识在试着保护她，试着阻止一切事情发生，就是为了让她不会再像过去那样经历痛苦，让她将来在新关系中不再有那么多问题，不再有那么多罪恶感。

安娜莱娜和几位朋友都意识到，父母的分手是多么残酷，多么具有破坏性。过去的恐惧会不知不觉地以某种方式留存在我们心中，这些恐惧感很可能让我们将最强烈的愿望拒之门外。

事实上，我们的整个人生，包括约会和关系的运转，都是内在影响外在，而不是外在影响内在。外部世界的压力出现之前，内在世界的压力就已经产生了。消极的信念，过去的、早已忘却的经历和伤害，未曾意识到的影响……都决定了我们如何看待自己和这个世界，如何与他人相处。我们的生活和遇见的人就是一面镜子。

仿佛所愿皆不可得。问问自己有没有过这样一些想法：

- 我想拒绝，但为什么没有坚定地说“不”？
- 我想交男朋友，但为什么一直都是单身？
- 我已经是成年人了，但为什么还是害怕某些场合？
- 我明明想有一段感情，但为什么总会逃跑或把事情搞砸？
- 我一直觉得我妈对我爸的依赖太可怕了，但为什么我现在也变成了“黏人精”，紧紧抓着我没有付出真心的男友？

将自己折腾得筋疲力尽，却总觉得错在自己；觉得对所有男人都彻底失望了，自己找不到对的人了……不，错不在你，你终将遇到对的人。无法与人和谐相处，是因为你潜意识中存储了老旧的、无法察觉的伤痛。它们就像一堵玻璃墙，横亘在你们中间。

意识到你的投射，是打破人际关系中不健康循环的关键步骤之一。

潜意识就像一个隐形的超大硬盘，我们 95% 的思维活动都属于潜意识。潜意识里储存着从你降生以来经历的所有事情，无论你自己是否意识到它们。其中　些经历你可能早已忘记，因为它们太令人痛苦、压抑，就像安娜莱娜的朋友遭受的父母离异之痛一样。我们厌倦这些回忆，于是将它们逐出记忆宫殿。

但它们依旧在潜意识中发挥作用。就像我们曾在电脑上使用过的程序，即使未在屏幕上显示，却依旧在后台继续运行。这些程序中存储了伤害、消极观念、有毒垃圾，甚至还有他人的感受。

从出生起，这些程序就如影随形，我们意识不到它们会影响内在的我们。类比一下电脑硬盘，硬盘里的程序无论多老、是否可见，甚至无论你知不知道它们的存在，它们都能决定你在电脑屏幕上进行的一切操作。

自我价值感、成就和感情生活都由潜意识中的程序决定，而我们每个人的潜意识里都有一些旧东西亟待更新或删除。比如我们无法真正消化一段痛苦的关系时，内心会生出恐惧，这时如果重新开始一段关系，肯定又会再次受伤。正是这些恐惧在我们渴望开始一段新感情时出来作祟，破坏现在的约会。

内在小孩：心中渴望被爱的“自我”

其实许多“约会破坏程序”和“感情不顺程序”早已在我们的头脑中默默地运行，只是我们一无所知。科学研究表明，我们的依恋行为、关系行为和自我价值感的 80% 在胎儿时期和人生的前三年就已经定型了，也就是在我们还没有清晰的记忆、没有自我、完全依赖他人的时候。那时的我们尚且无法用理智加工信息，而是如小海绵般不经过滤地感受和吸收一切发生在我们身上和身边的事情。

对于孩童时的我们而言，爱是一件完全被动的事情。我们所做的只是吸收：无论是食物、温暖与喜爱，还是干扰、冷漠与拒绝。

你知道吗，你在母腹中已经能感受妈妈的感受了。你小小的身体不仅在吸收母体的营养，还在感受她每一次喜怒哀乐。一些分泌的激素将你淹没，让你感知她的感受。这些感受不是你的，你却对所有的细节感同身受。后来你长大了，懂得了这就是生活的滋味，其实这不过是你在羊膜中时妈妈的情绪生活。

之后的一切依旧如同婴儿时期：你自动将身边人的行为、言语、感觉、是非观全盘复制进你的硬盘。你以为生活就是你在家里和周围环境中经历的那样。你有没有问过自己：

- 爸爸不给我拥抱，是不是因为他不擅长处理情绪？
- 妈妈偏心其他儿女，是不是因为她已经顾不过来了？
- 妈妈常抱怨不幸，是不是与我无关，而是因为父亲移情别恋？
- 我觉得自己一无是处、人见人嫌，是不是与妹妹的降生根本无关？

小时候的你没有清晰的自我界限，与周围的一切杂糅在一起，你无法用逻辑理解事物，而且完全依赖他人。有时你需要爱、安全感和保护，但此时却没人来爱你，你无法理解，只觉得自己是不被爱的。这时，你的潜意识里便产生了这样的想法：我一无是处，不值得被爱。

直至今日，这个曾经的孩子依旧睡在你的身体里，他渴望被照顾、被安慰、被建造。他活在你的心理世界里，胎儿期、婴幼儿期、五岁、八岁、十二岁、十五岁的你一直与现在的你共存。你内在小孩的感受还和过去一样，依旧渴望得到曾经极度缺乏的爱。

情感成熟不是成年的必然，它是从我们的照顾者和生活中其他重要成年人的健康情感示范中习得的。

小时候，他人的关爱之于你犹如肥料之于种子。如果在关键时期得到了爱与关心的滋养，你在心理上就能成长。反之，如果你经历的是孤独、拒绝、排斥，甚至是暴力和虐待，你内心某些东西便冻结了，你的心理成长也会中断。因此，你内心住着不止一个孩子，而是各个年龄阶段的孩子，这是一个潜意识层的大家庭。他们没有与有意识的、成年的你共同成长，他们依旧觉得自己是婴儿，是三岁小孩，是正值青春期的少男少女。

所以你有时会疑惑，自己为什么表现得那么幼稚，完全无法控制自己的情绪，突然变得很依赖外界，你觉得自己像孩子般无助。这时候请相信自己，你不是在“作”，只是你心里的那个孩子醒了，他依旧困在过去的经历中，他渴望有一个人出现，给予他一切不曾拥有过的东西。

爱与自我价值：不要忘记你也是一个美好的存在

有时我们惧怕孤独，有时我们无端嫉妒，有时我们害怕亲近，有时我们怕被抛弃……我们被沮丧情绪席卷，疑惑自己为什么反应那么强烈。那是因为我们心里一直以来堵塞着各种情绪。

情绪是充满能量和力量的，如果我们不感受、不表露、不体验它们，而是置之不理，被动适应情绪，那么所有的能量和力量就会堵在我们心里。它们要么使人变得暴躁、消极，要么把人封闭在盔甲之中。终有一日，这些被无序搁置的情绪会失控，会像游击队员般从藏身之处突然冲出来。

这些负面情绪与现在的你没有关系，它们是退化了的、堵塞在你心里的旧情绪，正在你意识的最底层捣乱。正如你在童话故事里读到的：总有一些妖怪、青蛙或坏仙女，人人避之唯恐不及，他们甚至可以吃掉主人公，主人公对其恐惧万分。但是后来，主人公发现他们其实曾经是王子或公主，是美好的存在。

这时，童话故事里的主人公只有一个选择，就是鼓起勇气，打开心扉，要么亲吻或拥抱他们，要么找出他们的秘密。如果主人公内心真的有爱，他们就会变回美好的样子，恢复被施魔法之前的美丽模样。

我们每个人身上都藏着这样的美好，它一直是我们的一部分，只是不知什么时候变成了惹人厌的妖怪，甚至连你自己都感到害怕。你所有的情绪——温柔的、轻微的、强烈的，以及你孩童时期感受到的无条件的爱都构成你的一部分。你曾经活泼、诚实、敏感、任性、无辜、感情丰富，这就是你生而为人时最初的样子。

但是后来，你在家被禁止太大声、太淘气、太放纵、太胆小、太敏感、太天马行空，太这样或太那样。不是因为你的父母很可怕，而是因为他们自己不知道怎样才是更好的。也许他们不懂如何处理或表达自己的感受，所以他们也没有回应你的情绪或者允许你表达情绪。这让你内心的小女孩十分受伤，所以她不再随性、活泼。

有一天，你终于开始与你的情绪决裂，试着排解并最终忘记它们。你可能用尽一切办法压抑、隐藏或控制它们。因为你希望变成自己喜欢的样子，不被爱你的人指责、拒绝或孤立。这就是我们孩童期会做的事。

当我们再长大一些，就忘记了自己原本的样子和感受。我们习以为常且竭尽所能地避免体验自己的感受，至死方休，我们要让所有人看到“我很好”“我很可爱”“我能行”。我们分散自己的注意力，投身学习、工作，疯狂运动，频繁地跟朋友聚会或者一场接一场地约会，只是为了让自己感觉良好。但细想起来，你会发现你常感孤独，容易害怕，无法融入他人，会感到愤怒、羞耻，羡慕或嫉妒他人。相信你不会喜欢这些情绪，但它们往往会在你排斥它们的时候出现。

每当你走近某个人，你内心的大家庭就会出动，带着各种各样的恐惧和需求，带着魔鬼和天使的念头。你内心的每个孩子都渴望在某个人身上找到他们曾经那么需要的爱、认可和自由。

但如今，他人存在的意义不再能给予你爱和自我价值。你已经长大了，是时候由自己去发现内心的神奇力量，去看清爱的源头是你自己了。慢慢学会确定、清楚地感受自己需要什么，不需要什么，知道真正的你是什么样子，意识到你可以展现真实的自己，无须担心他人的想法……你开始了解内心的运行机制，你会被自己震撼。

通往真爱的唯一途径是回归自我，找回已被我们抛弃或埋葬的部分，最终完全彻底地接纳自我。

你能想象有一天你会坐在某处，感激自己存在于这个世界吗？如果你重新对自己掌权，学会感受自己内心的爱，不再纠结于外界对你的各种评价，这想象就会成真。

也许你长久以来都觉得：这不是最后的结局；那些不稳定的、令人痛苦的关系不可能是爱；学校教的知识根本无法让自己获得真正重要的东西；父母看待事物的角度非常有限；工作令你筋疲力尽且感受不到满足……

人很容易因为自己或他人的错误而自怨自艾。但你最终会明白，不管是自己，还是曾经伤害过你的对方，每个人都是深深渴望亲近和情感联结的。只有认识到这一点，你才能重新打开内心。

如果你想摆脱身上的枷锁，那你就要学会去爱它。

当今这一代人被称为“情感无能的一代”，是彻头彻尾的无稽之谈。只要诚实地面对自己的感受，你就会发现大家是多么渴望真正的亲近，渴望一段完全敞开心扉的关系。允许自己向往真正的爱，减少不满，不再被动，去做独一无二的自己，建立内心的秩序，正确地与内心的大家庭打交道，更新你的情绪硬盘，你会发现混乱无序的内心逐渐平静，一切都开始变得井然有序。

记住你本是一个充满爱心的人，只有这样，你才能听到心底里“这不是你的错”的声音！久远的时光、陈旧的伤口和错误的自我认知，甚至还有旁人的感受，都潜移默化地影响着成年后你的经验世界，它们决定着你今天如何看待自己、自己的可能性、爱、亲密关系、成功、精神富足和自由。

也许你的妈妈孕期不堪重负，父亲不懂拥抱，你因为戴牙套或语言障碍被嘲笑，从未被选中参加校运动会，在学校被孤立甚至被欺凌，父母长期吵架或毫无预兆地离婚，青春期的你被嘲讽身材不好，你的哥哥各方面都比你优秀，男生们迷恋的总是你的姐姐，你的父母或老师对你说：“你做不到的。”这一切都被存入你的硬盘，在你心头留下大大小小的伤疤。

你现在可能会说：“胡说！我不记得我身上发生过这些事。我家庭和睦，我备受欢迎。”这很正常，因为我们不是要对你的生活“鸡蛋里挑骨头”，我们想让你明白的是，对你来说今天多数的求而不得都与过去有关，即使你自己好像毫无印象。毕竟痛苦的事情要么逝去已久，要么过于痛苦，你不想记起。

如果你是天生的斗士，处理事情雷厉风行，持有“对这种人我敬而远之！如果我那脑子不清醒的父母要离婚，那是他们的问题！我的老师是个白痴！我哥哥那些总对我恶言相向的朋友不过是一群蠢货”的想法，那么下面的这些内容对你来说也很重要。

看上去你是强势地了结了这些事情，但你没有直面困境、失败和被抛弃时的感受，只是割裂或隐藏了它们，而你的潜意识丝毫不会被你的强势影响。未被处理的痛苦情绪会一直影响你的思维与行动，你内在的自己再怎么披盔戴甲也无济于事。

分离、抗争和时间都无法治愈所有伤口，只会将它们挤入更深层的潜意识。就像社交账号一样，你想说服自己相信删除账号就等于一切烟消云散，但实际上与你账号有关的一切会永远留在互联网上。你的潜意识也一样，你自胎儿时期起的所有体验都藏在那里。对自己坦诚一点吧，承认这些没什么的。你对爱的所有体验都会影响你的自我价值感和内在的心理结构。

所以还是那句话，了解这些内在联系至关重要。如此，你才可以“透视”自己，不再将一切都归咎于自己，不再为当下不愉快的情绪折磨自己，因为它们并非客观事实。

在这趟带你走进内心的短暂旅途即将结束时，我还要告诉你一个好消息：在无边无际的潜意识里，不仅储存着废旧垃圾，还有未被利用的潜力。在令你软弱、恐惧的程序下，隐藏着所有未被察觉的天赋。5% 的你非常有限，生活在藩篱之内，你对自己真正的力量、你的爱和助你梦想成真的能力一无所知。

你是否敢于换双眼睛看自己？是否敢于承认对自己一无所知？了解潜意识的力量和影响可能是你一生中最重要的认知之一，几乎比你在校园里学过的所有知识都重要。

为了你的幸福感和满足感，请停止用那 5% 的你来定义自己，去更新 95% 的那部分自己吧，你很快就能成为生活的主人，让问题都迎刃而解！

新对象没前任好，甚至更糟

现在，我想讲讲我是如何使用妈妈在上文解释的方法，来让自己一点点改变的。故事是这样的：有一天，我结束了一段维系多年，但已经不再让我幸福的感情。因为我是那个提出分手的人，所以走出这一步后，我感觉松了口气。过了一段时间，我以为自己准备好迎接新的感情了。是的，我以为。

两年后，我跟另一个人开始了一段令人着迷，但同时又令人沮丧的关系。可以说，这段关系犹如毒药。我们在一起时非常美妙、有趣，但他从不给我任何真正的承诺。

从前，我对妈妈的心理学建议半信半疑。我不认为自己的情绪硬盘与经历之间有任何联系，心想：他到底为什么不肯做出承诺稳定下来？明明我已经做好准备了，为什么他不想将我和他变成“我们”，为什么他如此情感无能？我跟我的朋友们无数次谈及这个话题，她们与我观点一致。我备受煎熬地等待着，又在煎熬中抱怨着。但每当我表现出希望得到一点点承诺时，他就会离开，并且杳无音信。

我的情况越来越糟糕。我没有从中吸取教训，而是不断降低自己对感情的期待。我满足于一些美好的瞬间，期待他突然有一天全心全意地选择我。但这一天没有到来。我越来越频繁地感觉自己是个受害者。我眼里的他变得一无是处，他从不会计划“我们下周末要做些什么”；他一次又一次地失联；他只在喝醉的时候表露感情。

只要他再次出现，对我说些甜言蜜语，我就会再度忘记烦恼。除我以外，每个人都能看出来，我们拥有的不是一段真正的、美好的关系，而是毒药。我频繁地向朋友们倾诉，以至于她们都不想再听到任何关于我们这段感情和那个人的信息。但这无济于事，我就像上瘾般迷恋这段感情。直到他有一天真的做了很混账的事，我才终于说出：“我受够了！”

但是我最多只坚持了一个月，又回到了他身边。接着，整个游戏剧情发生了反转，变成他害怕失去我了。他突然开始对我描绘他梦想中跟我在一起的所有美好画面，想到美好的未来，看到他的可爱，我又重燃希望。是我忘了他无法承担这么多期待。于是悲剧重演：他表露心声，我深陷泥潭——他开始疏离，我开始纠缠和期待——他犯下错误，我结束一切——他害怕失去，于是比上一次付出多一点感情……然后一次又一次地循环往复。

我们更愿意选择熟悉的东西，哪怕它让我们痛苦。

虽然我常跟妈妈讨论感情问题，但我非常不乐意跟她说这个千头万绪的故事。有一天，她看到我很痛苦，就问我："安娜莱娜，你真的不知道发生了什么吗？你和他，你们俩都心怀恐惧。你们以一种痛苦的方式彼此契合并围绕同一个点打转。"

这一次我只能接受她所说的，并且发现她说得一点没错。这次谈话让我突然明白，我和他都惧怕爱，惧怕全身心地信任对方。我意识到，跟他在一起时，我对自己的关注非常少。我容忍他的一切，只留给自己一丁点的爱。当旧事再次重演时，我心想："安娜莱娜，你就像个瘾君子。你需要戒毒！"

每当我决定放下时，他就会给我发消息。这一次，我终于不再受伤或愤怒地缩回自己的蜗牛壳内，而是真正在心底里让自己从这件事中抽离出来，不再回应他的任何消息。慢慢地，我能清楚地看到之前忽略掉的东西：他不坚定，左右摇摆，极度惧怕自己的感觉，像我一样渴望爱情，却无意识地害怕对另一个人及其感情的依赖，因此将自己的心锁得严严实实。所以，我一直站在他的心墙之外，感觉自己依赖于他。

我日渐释怀，内心找到越来越多的支撑，可以客观地看待他，不再被他的一举一动影响。

吸引力法则

第一次与妈妈讨论这件事时，她说："你们同坐在一条船上，或者更确切地说，你们坐在跷跷板的两端。你们彼此封闭、依赖又逃离。跷跷板不停地上下摆动，你们两个都要慢慢向中间移动，才能让它停止。你必须关注自我，摆脱依赖。而他必须感受自己所有的恐惧，学会表现自己的脆弱。如果你们不能各自清理内心的一些旧物，无意义的争吵还会继续。”

我的妈妈再次让我明白，不应该期待他人的改变，而是要从自身入手，告诉自己：

> 安娜莱娜，别再等他觉悟，他可能永远不会。你唯一能做的是关爱自己，给予自己一直以来想从他身上得到的东西。你要学会更爱自己。你们之间的不是爱情，这段关系会毁了你。好好照顾自己吧，不要再靠期待和不确定的可能性而活。只要有勇气独处、自我满足，终有一日你会看见其他男人的魅力。他们关心你，懂得面对自己的感觉。如果你不清理内心的垃圾，治愈内心的伤口，摆脱无价值感，你就永远无法爱上对的人。

我曾经只是承认妈妈常说的“吸引力法则”确有其事，但现在，我切身体会到这一法则是如何悄悄地影响了我的生活，它真的无时无刻无处不在。

你是否问过自己，当你爱上一个人时会发生什么？他走进房间，空气里弥漫着某种气息。他身上散发出一种气质，你说不出那是什么，只是感觉非常美妙。你腹中仿佛有无数只蝴蝶翩翩飞舞，连你自己都快飞起来了……

这听起来浪漫又神奇，但心与心之间的确存在电磁力，也就是吸引力。一个人散发能量，另一个人接收能量。就像音响里的音乐，你看不见它，它却能布满整个房间，钻进你的耳朵，影响你的心情。所谓腹中蝴蝶飞舞的感觉，和你耳朵听到完美的声音是一样的。你无法用理智去理解或解释这种感觉，但在更深层次的潜意识里，有某种东西与你产生了完美的共鸣。

这种来自他人的充满魔力的“声音”事实上是个人的精神和情绪烙印，源于人人皆有的思维与感觉，也就是一个人所散发的气质。本质上，我们散发的是思维与感觉。尽管思维不可见，但它的创造性能量是可测量的，它以电磁波的形式发送信息波。思维可以创造感觉，我们的每个想法都带有特殊信息，它让我们的身体释放激素和生化物质。这些物质让我们感知自己的想法。

比如：当你想象与新对象的美妙约会时，你的心情就会很愉悦；当你想到男朋友一整天没有消息时，你的心情就很糟糕。思维创造感觉，感觉决定我们如何感知周围的世界和我们在他人眼里的样子。

你的思维会成为你的气质、你的“声音”。有些人什么都不用做、不用说，也能让你的心情跌入谷底，或者又用他的方式让你重获快乐。科学家认为这是“镜像神经元”的作用。镜像神经元是大脑中的一群神经细胞、一种共振系统，它接收感觉、情绪、他人的“声音”，然后将其转入我们自己的系统。

借“声音”来比喻，是为了让你明白约会时发生了什么。决定约会成败的并不是满怀浪漫想象的那 5% 的你，而是你潜意识里的信条、想法和感觉，是它们在无形中决定着游戏的进展。人们称其为“吸引力法则”。

你想什么，便感受什么；
感受什么，便散发什么；
散发什么，便吸引什么。

腹中的蝴蝶开始飞舞，并不是因为他看起来很酷或妙语连珠，而是因为更深层次的东西：他潜意识里的思维和感觉与你的互相契合。即使被遗忘、不被看见，过去所有的想法和感觉也从未停止过对现在的影响。它们每时每刻都围绕着你，其他人也可以感觉到它们的存在。它们让你如何看待自己和世界，你的生活和关系就会如何。

这乍听起来可能有点耸人听闻。你会认为：“好吧，我可能根本不会遇到一个能真心对我的人，没人能让我不再重蹈我与前任的覆辙，而跟我过上理想中的生活。”

如果你不学会更新情绪硬盘的话，确实会出现这种情况。如果你能发现是哪些联系在其中作梗，就能重新成为掌舵人。不要觉得自己是受害者，上天没有随机为你分配渣男。你是一块超级磁铁，生活中所发生的事恰恰是由你的思维和感觉吸引而来的。

你现在可能对此毫无意识，但你可以想象一下，当你去思考和感受你真正的渴望时，会发生什么。你所发出的“声音”会吸引你梦寐以求的生活和关系。你才是自己生活的设计师。

这些需要我们在生活中一步步学习和训练。慢慢脱离有限的旧我，每天尝试将“声音”调到爱的频道，是我们一生中最大的课题。

恋爱之初感觉很好，不久后就开始伤心受折磨

我的内心究竟经历了什么，让我明明渴望拥有一段平等、充满信任的美好关系，却在约会中陷入一种病态的循环？脱离旧限制，进入新频道的第一步就是完全、彻底地看清旧电影里上演了什么。谈及人的意识由 5% 的意识层和 95% 的潜意识层构成时，妈妈给我描绘过一幅冰山的画面。

我们永远只能看到一个人的冰山一角

冰山看起来夺人眼球、熠熠生辉、宏伟壮观，但我们永远只能看到冰山一角，浸没在海平面下的山体远比这一角冰山大很多倍。想象一下，两座“冰山山峰”约会是什么场景？它们对彼此海平面下的山体一无所知，如果它们想改变彼此，共度更多时光，更靠近彼此，会发生什么？可能不等两座山峰彼此靠近，储满旧程序的山体就已经相撞了。

请回忆一下，你是否会突然表现出自己不曾被了解的一面，或许还会因此触发双方的某些行为？你们会突然发现当初爱上“冰山山峰”时并不知道的事。而每一次尝试靠近，海平面下的山体便碰撞一次，继续让两座山峰之间保持遥远的距离。这就是为什么恋人们突然彼此纠缠、疏离或开始争吵，却不知道原因。那些让你们自己吃惊或疑惑的感觉就是在此时浮出水面。

你变得不自信，越来越害怕孤独或被抛弃，你的所有魅力都消失不见……当对方靠近时，你就缩回自己的壳里，要不就逃之夭夭。然后你们便陷入这样一种状态：两座冰山不断地在水下猛烈撞击。你的所有无可奈何或被无意间挤入潜意识的恐惧和体验，都开始显现。此时你们就是两座彼此吸引，同时又彼此推开的冰山。

这时“吸引力法则”该登场了。继“潜意识理论”之后，它是更好地理解各种内在联系的第二大法宝。当你以为自己爱上的是雄伟、耀眼的冰山山峰时，实际上隐于水下、不为人知的部分才是释放吸引力的根源。

还有一个令人难以理解的事实是，我们常常会无意识地跟那些伤害我们，与我们的痛苦、恐惧和消极观念完美契合的人产生强烈共鸣。我曾在这样一段复杂的关系中遇到合适的人，他令我恐惧又疑惑，同时又让我满怀对爱情的向往。他也遇到了与他的潜意识完美契合的女人，她不停地向他索取些什么，触发了他旧有的恐惧。他害怕自己的爱不够，同时又害怕被对方的感情和需求淹没。

匪夷所思的是，对我们的潜意识而言，这场感情纠葛中发生的一切都莫名地和谐。一切都刚刚好，因为我们所经历的对爱的渴望与抗拒恰恰是我们潜意识所相信的东西。人们称其为“吸引力法则”，即同频共振，同质相吸。所有的关系，无论好坏，都依照这一法则运行。

如果你爱上一个人，在他身旁时感觉腹中有蝴蝶飞舞，那并不意味着他就是你的完美王子。这意味着，你的潜意识与他所散发的气质产生了共鸣。他的气质里有些东西契合你源于过往经历的旧想法，他的旧伤激活了你同样源于旧伤的、被封锁了的感觉。你爱上了理想、完美的 5% 那部分的他，更是爱上了多为消极的旧观念和依旧隐隐作痛的旧伤口，你们之间完美共鸣、紧密联结。

表演成对方喜欢的样子，怎么会得到真正的爱情？

剖析这种看似反常的行为，我们会发现，孩童时期多数父母都希望让孩子拥有最好的，但就感情关系而言，那时的我们看到的许多都是依赖，而非充满活力、无条件的爱。因此，从吸引力法则的角度来说，我们通常不会爱上只是对我们有益的人，而是会爱上我们根据过往经验判断为“值得信任”的人。这听起来很荒诞，但大量研究表明，经历过暴力或虐待的人未来常常会爱上同样有攻击或虐待倾向的人。冰山里依旧存在（当然是无益的）共鸣。

你可以不认同，但你无法否认，在爱情里我们无法欺骗任何人。假使你盛装打扮，冷艳地站在吧台旁，内心却紧张不已，惴惴不安，一直问自己：

我看起来怎么样？他会对我有好感吗？天哪，那个女孩美得像仙女！他过来以后会不会只跟他的兄弟们聊天？他怎么还没过来，他到底过不过来呀？我是不是应该先打声招呼，好让他看见我……

你认为，这样的思维会吸引谁呢？

你对一个男人微笑，卖弄风情，展示无穷魅力，只是因为你觉得如果不做他喜欢的事，你就出局了。那你认为这样的自己会有什么吸引力？即使用尽全力，你的外在表现也永远无法掩盖内心的思维与感受。你不自信、紧张，怀疑自己不够可爱、不够漂亮或不够优秀，而这些感觉都会无意识地传递给他人，继而产生影响，引起共鸣。思维转化为感觉，感觉转化为气质。最后，根据吸引力法则，你在情感上释放什么，便吸引什么。

如果你把自己打扮得很精致，假装很酷；或者表现得放荡不羁、生人勿近，从不表露真情实感；或者担忧他是否喜欢真正的你……你觉得，这样的你会吸引谁？只会吸引与你一样表面冷酷、洒脱，内心却惴惴不安的人。他同样不敢表现真实的自己。所以，你们就算表面看起来波澜不惊，实际上都站在由恐惧筑成的高墙之外。

下次你再遇上一个不爱你、没有真的对你敞开心扉的男人时，请试着用新的眼光看待整件事情：明白他的恐惧不比你少，他的“水下冰山”感受到的自我价值和自信不比你多；看清他和你之间的关联，不要与他纠缠不清，停止在他面前的表演，打开你的心扉。

男女双方最初的惊鸿一瞥，往往只是一点小小火星，持续的心灵的相互探索，才能点燃爱情的火焰，进而形成燎原之势。

不过需要清楚的是，“同质相吸”并不意味着他和你的表现会一模一样。也许在别人看来，你比他依赖性更强，期待更多；而他则看起来难以接近，胸有成竹。其实依赖和拒绝只是两种不同的保护机制，我们每个人都在无意间为自己找到了一条出路，要么是为了避免继续受伤，要么是为了尽快俘获爱情。

有时，保护机制很难识别。我有一个朋友，给人的第一印象永远是从容不迫。约会之初，她散发出一种“老娘不在乎”的气质，男生们被她迷得神魂颠倒。但突然有一天，她无法再压抑她的真实感情和对真诚关系的渴望。于是人们发现她并没有那么潇洒，而是有所期待。这一刻起，剧情开始反转，男生们突然与她保持距离。于是她陷入恐慌，变得非常黏人，直到有一天，老剧情再次上演：男生起初爱她爱得热情似火，但不知从什么时候开始，热情退却，男生离她而去。这令她困惑不已，她不明白为什么又是一样的结局。

我有很多朋友都有过类似的经历：她们一开始顺应男生的游戏规则，鼓起勇气，假扮某种角色。起初，她们都表现得非常放松。但随着事情的发展，她们开始信任对方，表露自己的真实情感和希望常常在一起的愿望。而对方喜欢的是交往起来“没有风险，轻松自在”的对象。如果某一天他发现，这个对象完全不是他想象的样子，她并不是对自己没有期待，事情就会发生反转。

无论是在我曾经历的“若即若离”的故事里，还是在我朋友们的故事里，感情的双方一直绕着爱情打转，却没有人敢向前一步。当然，也没有人乐于承认，这是吸引力法则作用的结果。

感情顺利时，我们会说："啊，我终于找到跟我完美契合的真命天子了。"感情不顺时，两个人互相伤害，双向逃离……这些都是吸引力法则在起作用。如果你能认识到这一点，才算拥有了真正成长的机会，才有可能做出真正的改变。

勇敢地去干这件大事吧：认识自己，做自己！也许你比从前脆弱，没有那么酷，但你比以往任何时候都要真实。你猜，你会遇见什么样的人？是的，一个同样做真实自己的人！这样事情便有了成功的可能。两个人之间能建立真正的亲密关系，两个并不很酷的人一步步走向对方。这就是爱情。

爱自己，才能摆脱一段痛苦的感情

为了让你实实在在地看到这些改变带来的成效，我要再次讲述那个从未真心想和我在一起的前男友的事情。

在与妈妈的谈话中，我慢慢清楚了自己把一些问题从上一段关系中带入了新的感情里。我日渐明白，自己根本没有处理好上一段感情中经历的痛苦。虽然我们分手了，但我以为：“我成功地解放了自己。现在是时候发生点新鲜事了。”

然而，新鲜事并没有发生。内在的我没有摆脱禁锢，而是竭尽所能地隔离所有感觉。最先隔离的就是恐惧，因为我害怕上一段感情的结局重演。我认定：任何人都不应该再与我如此亲近，最后令我心碎。

想想你的“声音”，想想“同质相吸”。然后想象一下，如果有个女人拥有跟我同样的想法，还有因此产生的不被察觉的感觉，她会散发什么样的气质，吸引什么样的人？是的，对方同样想着：“不要太靠近我！不要伤害我！我不会再信任你了！”

这些想法都隐藏在我的“水下冰山”里，而我对此一无所知，我露在水面上的“冰山一角”还在向往着一段新感情。今天我清楚地认识到：我遇见的新对象一方面离不开女人，另一方面又从来没有真正地跟一个女人在一起过。那时，我常常觉得自己不被爱、没价值，但他的不断逃离与我个人无关，我只不过触发了他的逃离行为。

回到吸引力法则，这意味着：我的内心深处依旧恐惧关系。我害怕被靠近、被伤害，害怕亲密。因此，我遇见了同样不会靠我太近的人。不可置信，但当我看透这一切时，就不得不承认：我充满恐惧，根本无法接受真正喜欢我、想跟我在一起的人。

所以，如果你正被困在某条死胡同里，遇到不尽如人意的事情，或正深陷一段令你疲惫不堪、空洞难受的感情，不妨鼓足所有勇气，停止对人或事的愤怒，停止受害者思维。想想你和他的“水下冰山”，从而认识到：现在发生的一切——糟糕的关系、对你无益的人，恰好契合你旧有的、被隐藏的想法，这时你无论如何祈求不要再旧事重演，都是徒劳。

如果你真的希望有改变发生，唯一要做的，就是改变内在的自己。以下是我改变内在的自己的六个步骤。

第一步：告诉自己“感受决定体验”

逆向思维是指由内至外思考，即“他人对我所做之事不决定我的感受，但我的感受决定我的体验”。要像练习新的语言或乐器一样，认真练习这样的思考方式，每天坚持。例如，如果你处在一段痛苦的感情之中，你的男朋友完全不顾你的感受，你的内心必定充满怀疑，感觉自己毫无价值。那么，请告诉自己，否定的情绪不因他而起，但怀疑自己，必会让你感到没有价值。

第二步：与自己独处，感受内在小孩

这是一个挑战：为了让新的观念代替旧的观念，并且能够真正给生活带来爱和自我价值感，就必须意识到旧观念的存在，同时给予它们同情与接纳。这需要你鼓足所有勇气，放下那些让你感到痛苦或不愉快的人或事，与自己独处。

与自己独处时要全神贯注，那些被你内心驱逐的感觉，还有住在“内心大家庭”里的饥饿的孩子，此时都会带着他们的恐惧和不安跑出来。这个时候，那种让你黏着男友，依赖一个本身也充满恐惧和不安的人的情绪会统统回到你的心里，等待你去治愈。

第三步：善待自己，好好爱自己

妈妈曾对我说：“安娜莱娜，如果你停止祈求爱，而是更关爱自己，改变就会发生。你现在能做些什么，表明你真的善待自己，关爱自己，能很好地照顾自己呢？”

经过前两个步骤，我已经知道：我必须放下他，善待自己。所以后来我好几个晚上都待在家里，在浴缸里洗泡泡浴，把房子收拾得干净整洁，给自己做了美味又健康的饭。我照顾自己，做运动，冥想。我真的坚持这样做，不再回复他想要复合的消息，那时我的内心升起了对孤独的强烈恐惧。现在我逐渐意识到，其实我在上一段关系中已经感受过这样的恐惧。

第四步：问自己真正想要的是什么

我厘清了上一段关系遗留下来的东西，我的内心燃起一团怒火，这是我之前绝不允许自己对前男友表达的愤怒。它现在如此明显，我无法再对它视而不见。我意识到，由于害怕失去他，我默默忍受了多少情绪。我常常掩盖自己的真实感受，委曲求全，自欺欺人。坦白地说，对自己承认这些，尤其是感受这些很艰难。这时候我才明白妈妈常说的“下定决心要从心底里摆脱一段不健康的关系，如同戒毒一般”是什么意思。

我没有放弃“戒毒”，我坚持冥想，清理内心。很快我的内心获得了平静，潜意识得到了更新。我让自己的思维持续想象新生活，方法就是不断问自己在生活中的各方面真正想要的是什么。例如：真正有营养的友谊是什么样的？能跟我一起穿着睡衣舒适地过周末的男友是什么样的？一份能让我尽情发挥、做自己、投入全部热情的工作是什么样的？

第五步：跳出舒适区，接受改变

我可以真实地感受到，我接受改变，离开习以为常却极为狭窄的舒适圈后，我的内心变得越来越豁达。不断透视内心，让我有了新思想、新观念、新愿望。在吸引力法则的作用下，我的生活也迎来了各种变化：我的工作氛围焕然一新；朋友圈中有旧人离开，也有新人加入，但真正的核心朋友圈坚如磐石；我搬了家，找到了梦想中的房子；我开始彻底改变饮食习惯，变得更为健康；我将更多的时间花在自己身上，更善待自己；我开始练习瑜伽，用全新的方式对待自己的身体。一段时间过去，连我的错失恐惧症（FOMO，即总是担心错过什么的恐惧）都被彻底治愈了。

第六步：允许愿望以不似预期的方式实现

在形成一个新的自我的途中，事态的发展有时并不符合你最殷切的盼望。但事后，你可能会发现事情变得比最初想要的更好。

其实，我本希望在开启新生活的过程中打开自己的心，去迎接一段令人满足的新感情。我以为这会带来我渴望已久的、既自由又相互联结的感觉。但由于长时间纠结于寻找一段真正的感情，以至于我完全没有意识到，我找错了方向。

我的内心越来越清楚，我强烈渴望与自己独处，想找到我是谁，以及对生活的真正期待。我发现，过去所有令我心动的男人我都不再感兴趣了，我可以更冷静地用旁观者的视角看待他们。在派对上，我感觉更放松，能清晰地知道自己是否想待在某处，应该待多久。我学会了拒绝邀请。这是我以前不敢做的，因为我害怕错过。我变得更自由、更包容、更自信、更像自己。

出于上述的一切，我决定为你们写这本书，叙述我的成长之旅。相信大家能明白，我最初是恐惧的，但当我决定加入这场巨大的冒险时，我体会到了一种前所未有的美妙感觉，而且这感觉依旧存在，就像腹中有无数蝴蝶在飞舞。

我想告诉你：踏上寻找自己的旅程吧！这是你能为自己做的最美好的事。当你勇敢地坚定前行，你的整个生活将焕发新的生机，迎来新的秩序。

接下来的章节，我们将解答一系列重要的、能鼓舞你的问题。愿你能慢慢看清自己的路，让你梦寐以求的、契合你本性的内在新力量改变你的生活。

懂得如何爱己，
知道如何爱人

爱自己，就会有人来爱你

第二部分

母女对谈四大情感话题

自我怀疑　单身困惑　关系紧张　分手之痛

在这部分中，我们挑选出了几个几乎与每个人都有关的话题。你无须依次阅读，可以凭直觉选择当下对你重要的话题。请开始吧。

话题一　自我怀疑

▶ 不敢说出自己的真实感受与需求

因为担心被排挤、被指责，所以不敢对无法忍受的人或事明确表达观点，不敢表露真实的自己。

女儿 我的一位女性朋友有段时间和父亲处在激烈的矛盾中。二人之间一再陷入紧张局面，持续不断地发生冲突。父亲常常很生气，并不停地因为某件事指责她。但她从来不敢反驳，甚至不敢说出自己的真实感受。她一直压抑着，后来从某天开始，她一遇见父亲，就感觉不适。她希望躲开他，但最后，她都只是坐在那儿，忍受父亲对她的评价，偶尔反抗一下。

我们经常聊这件事。我总鼓励她，要勇敢地表达自己。她满怀愤怒和失望，但每当面对父亲时，还是什么都做不了。她就像个小女孩一样，觉得父亲代表着权威。直到有一天，她又回到父母家，给我发消息：安娜莱娜，我做到了！我很愤怒，一股脑儿地什么都对他说了。现在我们停火了。你知道吗，我感觉好极了！我就是一吐为快，不在乎他怎么回应。

对此我感到特别高兴。过去我也常常害怕设定与他人的界限，害怕明白无误地表达自己的看法。有时我会拖延到最后一秒，直到无法再拖。我花了很长一段时间，跟妈妈谈了很多次，才终于敢清晰地表达自己。自那以后，我的内心就发生了根本的改变：我变得更强、更成熟。我也因此收获了更亲密的关系。

可以这样清晰地表达自己的观点后，有些人就老躲着我，不知道该如何与我相处；而有些人和我的关系变得更好；有的关系则得以重建。

人们往往不是因为某些事件而不安，而是因为自己对这些事件的看法而烦恼。

我的这位朋友也正在经历同样的事：争吵过后，她和父亲断绝了一切联系；后来父亲对此只字不提，只想假装一切都恢复正常；但她不接受，因为她觉得一切都不正常；又过了很长一段静默期后，父亲小心翼翼地寻求谈话，他们之间的关系才开始得以改善。

另外，我从妈妈那儿学会了只谈自己，不去攻击别人。“你愚蠢的行为和无耻的语气伤害了我……你不停地指责我……你在我遇到困难时袖手旁观……”任何人听了这些话都会感觉受到了攻击，然后予以反击。现在我只说自己和自己的真实感受：“我现在感到很受伤，我不喜欢你这样的语气，无法再忍受。”无论别人是否赞同，这就是我现在的表达准则。

没有人能真正攻击一个受伤的人，没有人会说：“胡说，你才不是呢！你到底在胡说些什么？”如果有人继续说与事实不符的话，或者指责你，我觉得你完全可以退出谈话。因为你已经表达了你的感受，而对方当下没办法处理这个状况，但他至少了解了事实。

换位思考一下，你也会明白，与一个从来表达不清楚想法，不说当下发生了什么的人交往该有多令人抓狂。你可能希望朋友、上司或同事给你反馈或与你进行一次谈话；你希望有人能说说某件事你究竟做得好还是不好，好让你从中学到些什么；在困境中，你希望有人能清楚地表达看法，好让你明白自己的处境。

有段时间，我觉得自己长胖了一些，但所有的女性朋友都说："胡说，你才没有长胖。"有一天晚上，一位同我关系很好的男性朋友对我说："安娜莱娜，你是不是胖了一点点？"听到这句话的瞬间，我恨不得钻进地缝，因为我们当时正在一个派对上，周围全是人。但第二天，我对此非常感激。他的坦诚让我更清晰地认识自己。

我知道，他是真正的朋友，敢于对我说真话，是我可以真正信任的人。而他平时对我非常友好，不吝赞美。无论如何，他的反馈让我知道我得为自己的身材做点什么了，我确实也付诸了行动。

妈妈 如果别人对你越来越友好和礼貌，但你完全不知道他们真正的想法与看法，那毫无用处。你依旧会满腹狐疑，觉得一切都流于表面。如果你敢于明确地表达自己，设立与他人的界限，别人也会感觉轻松一些，因为你让大家知道他们在你心中的位置。

这有时会让别人感到不舒服，但会让你与他人的关系更坚固，也让你的个性更鲜明。你在表明：这就是我，我是这样想的。别人因此了解到你是谁，你不用再做那个不安地将一切吞进肚里的受害者，而是逐渐成为给予指引的引导者。

有些人会说："好的，我也要这样。"有些人会说："胡说八道！"所以不可避免，当你变得敢于清楚表达自我之后，必定有些人会离你远去，你跟他们的关系可能不再那么亲密；但同时你也会获得真正的朋友，他们同样会从内心将你视为真正的朋友。

怎么做？

HOW TO DO

01 去感受：

你在什么情况下会给自己选一条舒服的路，不对人说真话？

慢慢试着越来越多地表达自己的观点。你可以说：这对我有点难，我担心伤害你或失去你。

之后，你就要鼓起勇气……

02 观察身边的人，然后问自己：

他或她对我是有益的吗？

____

____

我跟他们真的能继续相处吗？

____

____

我们真的很亲近吗？如果不是，那我隐瞒了什么？

是时候勇敢地对他们坦白了吗？

哪些关系让我感觉舒服，哪些可能需要接受我的考验？

03 试着别再压抑自己，不要等到只能躲起来或爆发。

意识到内心有愤怒时，试着使用“我 + 信息”的表达方式，即讲述自己的感受，而不是口不择言。试着在争吵中将表达重点放在自己身上，不要训斥和指责对方，而是说你自己的感受，说出当时在你看来，事情是怎样的。

这里没有唯一正确的事实或观点，但有些事你无法赞同，认为不能再继续这样。尽管别人不同意你的观点，但这就是事实。

话题一　自我怀疑

▶ 无法摆脱家人或朋友的“我都是为你好”

做事循规蹈矩，追求的是父母或朋友认为好的东西，或者是“有前途”的事情；无法诚实地面对自己的内心，从来没有真正的归属感。

女儿　我常常听到女孩们说，她们做着或体验着身边所有人都认为棒极了或正确的事情。比如她们所学的专业、所做的工作，都是家里所有人夸赞的，只有她们自己觉得不合适，甚至觉得一点也不好。尽管如此，许多人还是继续做着她们不喜欢的事情，等到突然有一天，她们感觉自己没有归属感，或者疲惫不堪，她们被困在内心的冲突里——越来越觉得不适应，却一直不愿接受这种感觉，因为所有人都说，现在的一切都很好。

我朋友的父母是医生，她很小的时候父母就经常不在家。

可以说，她的父母跟工作结了婚。我的朋友非常爱自己的家庭，很需要与家人的亲密接触。但是有一天，她也决定去学医，她没有追问自己“为什么”，因为她觉得如果某件事对她认为很重要的人而言如此重要，那么对她而言也一定是正确的。她当时并没有意识到，对她而言真正重要的是与家人的亲近和联系。可这并不意味着，一定要与家人做相同的事情才可以与他们联结在一起。

她非常努力地学习医学，终于成了一名医生。时光飞逝，她逐渐明白，这份工作并没有让她真正感到幸福。但每次我们谈到这件事，她都坚持认为这份工作对她而言是正确的。直到有一天，她开始哭诉：“我每天早上去工作，领导还常常夸我的工作出色。但我内心的抗拒越来越多，说实话，我现在每天都在想‘我不属于这里’。我不得不在一个忙忙碌碌、没有人情味的医院里待一整天，然后晚上筋疲力尽地回家。这完全不是我想要的生活，但是当医生是我的梦想。”

有一天我问她：“你的梦想是源于你自己还是你的父母？”虽然她的父母从未强迫过她，但有一点在她家是不言自明的：医生是职业首选。聊着聊着，她突然发现，在她决定成为医生后，父母给了她大量的关注与陪伴。同时她意识到，自己过去非常害怕被总是忙于工作的父母忽略。

对她而言，承认自己真正的内心活动以及她在医院里的迷茫不是件容易的事。有一次，她哭着对我说："你知道吗，我小时候常常一个人。那时我妈对我承诺了无数次她会早点回家，但她还是留在了诊所。现在，因为我学医，我们在一起的时间多了很多，她也对此真心感觉骄傲。我知道，很多人都觉得我很优秀，因为我出色地完成了医学学业，在科室里又如此受认可。"

然后我对她说："即使全世界都说医生是这个世界上最棒的职业，我也要问你，你自己感觉好吗？如果不好，这件事就是不对的。"

妈妈 这里有一个关于"原生家庭"的寓言故事：穆勒一家都是南瓜，如果穆勒夫妇有了孩子，那么这个孩子也理应是个南瓜。这颗小小的种子被按照种南瓜的方式对待和教育，大家都希望，它有一天也长成一个特别漂亮的大南瓜。

小穆勒种子理所当然地努力长成一个优质的南瓜，但小穆勒发芽长大，渴望沐浴更多阳光，甚至感觉在向日葵中间更加舒适。身处南瓜之中，小穆勒有时感觉很别扭，因为自己没有圆滚滚的橙色身体，而是长着柔软的茎和细嫩的黄色花瓣，需要的土壤也有别于其他家庭成员。因为不想格格不入，小穆勒打算融入其他成员中，但无可奈何地开始疲惫和沮丧。

这时，诚实地面对自己很重要。每颗种子从萌芽起，就确定了植物成熟后的一切。尽管南瓜和向日葵的种子很相似，但它们最终会长成完全不同的植物。只有当你成为你本来的样子，而不是你父母认为你应该有的样子，你才能感觉舒适。

如果你原本就是颗向日葵种子，有着向日葵的需求，那你永远不会长成一个优质的南瓜。如果你觉得过得不好，在某个地方感觉孤独、精疲力竭或格格不入，那不是你的错，你只是需要正确的土壤，以及充足的阳光、水和肥料。当你为自己找到这些时，你就会开花结果。

女儿 我的朋友承认了，她渴望的其实是关心，而在她的家庭里，除了通过医生这个职业，她不知道该如何获得关注。这时，她的心里生出许多悲伤。表面上看，她的生活第一次一团糟。她向父母坦白，她不想再当医生，并从医院辞职了。有很长一段时间，她的父母指责她："你丢弃了你的一生……你本来以后能继承我们的诊所……"她争辩着，痛苦着。

但不知从什么时候开始，她可以冷静、清晰地说明自己的观点，也可以不再那么依恋父母。她告诉我："我终于明白了，我爱我的爸妈，但不希望自己像他们一样生活。现在我得先知道，我想要什么样的生活。"然后，她退掉自己的公寓，背包旅行了一段时间，最后在一家新成立的关注可持续发展的小公司找到了一份工作。由此，她选择了与她的多数朋友都不一样的职业道路。她可以居家办公，虽然挣的钱不是很多，却可以将更多时间留给男友和与工作同等重要的私生活。

现在再见她，她已经焕然一新，活得更像自己了。她的父母也已经冷静下来了。

妈妈 作为父母，我们当然希望孩子过得好。但大多数时候，我们自己也不知道，对于孩子们而言什么才是好的。我们往往只从自己出发对孩子提出要求。有人曾对我说："好的对立面是'为你好'。"这在父母身上常常发生。因此，让你的父母"失望"很重要。你要告诉他们，你究竟是谁，尽管这一开始会引起争吵。但是，如果你想过自己的生活，这是必经之路。

你可以从现在开始真正自食其力，这样以后没有了父母的支持，你也不会感到恐惧。不过你的父母会担心你过得不好，因为他们觉得，对他们而言的好东西也一定于你有益。

在培训工作中，我在许多年轻人身上看到了这件事：如果你真的想长大，想让自己感觉快乐的话，就不得不质疑原生家庭的标准和规矩。这可能意味着一段时间的争吵，但它除了带来不愉快之外，还会带给你为自己负责的力量。这就好比运动员用杠铃进行锻炼，只有对抗杠铃的重量才能增加肌肉。父母和朋友就像杠铃，在他们的阻力之下，你可以建构你的肌力，这是件好事。

女儿 我还记得，在我朋友饱受折磨、与父母争吵的那段时间，我常常与她一起做“思维电影”（Mind Movie）的练习。思维电影就是头脑中的电影，你在脑海中想象某件事情如你所愿地发生、发展。我们之前已经聊过，你首先要对自己的生活有新的想象、画面和感觉。有一次，我们坐在一起，我问她：“在你的想象里，如果你理直气壮地告诉父母辞职的事，那画面是什么样的？”之后某天，她就开始一个人每天在早上上班的路上、洗澡时，或者晚上在沙发上做思维电影的练习，想象她如何观点鲜明地面对父母。终于有一天，她给我打电话说：“安娜莱娜，我在大脑里做到了。现在我要真正去做这件事了！”然后她就去做了。

怎么做？

HOW TO DO

01 观察生活，坦诚地告诉自己：

我的父母、男友或身边的人对我的期待是什么？

这些在多大程度上影响我或带给我压力？

我在哪些地方应该说“不”？应该拒绝做哪些事？

02 问自己：

我现在正在做的事，或者现在和我在一起的人真的让我感觉幸福吗？如果答案是否定的，那么花点时间，尽量客观、大胆地思考：什么能真正让我感到满足？什么是真正只属于我的？

03 想象一下怎么做才能更靠近你的理想。

写下步骤，让它们逐渐变得具体。让自己随时能看到这些步骤，判断自己是否走在正确的道路上。

话题一 自我怀疑

▶ 人善被人欺

很努力地做事，想让所有人都满意，却遭到排挤甚至欺凌；总是调整自己以适应他人，害怕在任何地方都没有自己的位置。

女儿 我以前做过一份工作，刚开始时我的部门女领导对我非常友好。但我很快察觉，一些同事对她的态度比较冷漠和敷衍。其他人故意在她缺席时在走廊上约聚餐，对她隐瞒一些信息，越过她的工作范围达成一些协议，等等。一开始我心想："这些人可真卑鄙！"

但后来我终于发现了女领导的问题所在：她常常不说实话。不是说她是厚颜无耻的谎言家，而是当一件事对她而言有些困难时，她会表现出犹豫，并找一些看起来友好的借口，而不是直截了当地说："现在这样行不通……我不能这么做！"还有，她会想办法做成自己的事，却从不明确地表达立场；她想让所有人都感觉满意，但最终无论如何，她都是为了达到自己的目的。

因为看不懂她，所有人都感到疲惫和沮丧。尤其是在这个女领导和上司的谈判中，她不会维护自己的同事和项目协议。这是整个团队仇视她的真正原因，因为大家都担心，一旦上司施加压力，她就会缴械投降。她有多大野心，就有多少恐惧，这对所有不得不依靠她的人而言，就是噩梦般的组合。

我很少那么清晰地看到一个人的外在行为反映其内心世界。她只向别人展示那 5% 友好的自己，但所有人回应的都是那 95% 的有城府、控制欲强、充满恐惧的她。大家感觉不到与她之间的联结，只想离她远远的，而且有充足的理由。她不是受害者，而是操纵者，即使她并不是有意为之，而是出于恐惧。

这次经历真是令我大开眼界。我妈妈多年以来一直对我说："安娜莱娜，你并不柔弱，只是不敢变得强大。"这句话是她在察觉到我被排挤和孤立时说的。自小学以来，我总是跟其他女生组成小团体，却不得不忍受她们背着我聚会，我感觉我从来没有真正融入过她们。

对我而言，三角友情是最糟糕的。我们中间总有一个人扮演领导者的角色，她决定此时此刻要跟谁一起玩，而这个领导者不会是我。但三人之间总会有一个人被排除在外。这就像一场“爱的撤回”游戏，我深受折磨，又容忍一切，我从不会清楚地对她们表达我的想法。

今时今日回想起来，我都觉得这荒谬至极，因为那根本不是真正的友谊。但那时候我不自信，无法明白这一切。我只不过想成为某个小团体的一员，然后有一个受欢迎的女生做朋友。

我会觉得自己没有真正的归属感，在小团体中总是附和他人，渴望拥有真正的、可靠的朋友。也许你明白这种感受，或者你正在经历：

朋友们相约外出，却没有问你，你在社交平台上看到其他人都在一起活动，事先却没有任何人问过你；或者朋友谈恋爱了，你被冷落在一旁，因为她现在只想跟她的男朋友在一起。

现在，我换了一种全新的眼光看待欺凌。在欺凌事件中，我不再非黑即白地只看到可怜的受害者和肆无忌惮的坏蛋。小学时的我可怜、柔弱，被排挤；那位部门女领导看似友好、亲切，却受到同事们的不公对待——这些都不是事实的全部。

许多被欺凌的人，是拥有自己的力量、优势和目标，却因为害怕被拒绝而不敢表露的人。这种行为背后的心理根源就是觉得自己不值得被爱。正如我们现在所知，无论你多么友善或忠诚，只要你认为自己不值得被爱，那你就不会被爱，而是会被拒绝、抛弃、排挤、欺凌，其程度取决于你内心的无价值感有多强烈。

被欺凌者会觉得："痛苦的是我……你不知道他们是如何对我的……"没关系，我也花了很长时间，才终于理解并从内心深处接受我不是可怜的受害者。

那时的我暗自下定决心要改变现状，最终，我在妈妈的帮助下逐渐从这段伤人的三角友情中解脱了。之后我努力思索：我真正的价值是什么？我真正想从友谊中获得什么？最后我问了自己一个问题：我需要什么？

我知道自己必须学会独处，忍受独处，忍受自己。坦白说，当时的我恨不得逃离自己，恨不得马上找个人转移自己的注意力。我当时必须经历的最艰难的事情，是与自己的错失恐惧症独处，去感受它。我一再地问自己："我要什么？什么对我有益？我可以给予什么？我不允许别人再对我做什么？"

我不能改变已经发生的事情，而改变自己的想法让我感觉很棒。

我终于开始追寻自己的力量，最终确信，它就在那里。我懂得了我必须向前走，不是与其他人逆向而行，也不是以一种斗争的姿态处世。这也意味着，我不能简单地跟随某个领导者，而是要想清楚："我的道路是什么？我要的是什么？"

冥想时，我能将整件事情内化，在想象的世界里慢慢地走向新的、真正的友谊。如果你想摆脱什么，并且希望有新事物取而代之，那你必须先带着所有的热情与快乐去感受新事物，仿佛它已经成为事实。这件事我在冥想中做了一遍又一遍：我放下旧的、令人受伤的友情，想象和一个女孩建立了我内心渴望的友谊。我在冥想中感受到了自己的价值，感受到了自己真正想从友谊中获得什么，然后又从这种感觉中抽离，最后打开自己。这是最难的部分：在多次内心受到重创以后打开自己。

这之后，我与朋友的关系发生了显著的变化。我在新学校里终于不再羡慕那些看起来很酷的同学，也不在意谁跟谁是好朋友，而是看谁能够真实地表露自己的感觉，我跟谁在一起能很好地共同前行。慢慢地，我找到了新朋友。她们来自不同的圈子，我们相互滋养。跟她们做朋友的感觉很美妙。自那时起，友情对我而言就不再是个问题了。

怎么做？

HOW TO DO

01 无论多痛苦，都不要认为自己是受害者。

这种想法只会让你越来越弱。为自己负责，放下令你受伤的人。

02 想想自己想要什么，不想要什么。

但是注意，不要想从别人那儿得到什么，而是要关注自己和自己的生活。

03 尽情地想象一段关系。

无论是朋友关系、伴侣关系还是同事关系，想象一下它应该带来什么样的感觉。你的思维和感觉要专注于你对这段关系的期待：对方值得信任吗？你们在一起充满乐趣吗？或者，对方给你带来了积极的挑战吗？等等。

话题一 自我怀疑

▶ 委屈自己，才能感到安全

常常感觉不自信，觉得自己不够好、不够漂亮，感觉自己很无助。

女儿 你对外出充满期待，在预热阶段跟好朋友一起挑选完美的派对装备。但无论你从衣柜里拿出什么，感觉都不对。每次看着镜子，你都觉得：这件不行。然后你接着一件一件地试穿：太胖了，一点也不性感，太普通了……还有你的脸、你的发型，你都不喜欢。于是你感觉兴趣索然。保险起见，你穿上了你平时总穿出去见人的衣服，但就连这件也不行。最后，你尝试着放弃自己的穿衣风格，于是，你借来了朋友的裙子。但即使成为“另一个人”，你依旧感觉很糟糕。

当你把所有衣服都试了一遍后，还是不知道该穿什么，这种糟糕的感觉简直无法用语言形容。这时，你已经迟到了，最后只能穿上一条舒服的裤子出门。男友跟他的朋友们已经在你之前到达，等你到了之后发现他已经喝多了。期待能见到他，本来是你最后的一点喜悦，就连这点喜悦这时也消失了。他无视你的存在，简短地与你打了招呼，便和朋友们玩耍去了。

挑选衣服受挫，这让你的心情变得很糟糕，现在你彻底觉得自己是个局外人。于是，你下定决心，今晚索性做一个真正的旁观者。你不想通过喝酒来让自己融入这个圈子，迁就别人。当你用理性的眼光看周围的人时，你只看到一群自我麻醉的人。随着喝下去的酒越来越多，男孩们逐渐变得开放。你的男朋友也突然走了过来，他用双手环绕着你。然而他的姿势几乎让你跌倒，此刻，依偎在他怀里的感觉变得一点也不舒服。

女孩们也没好到哪里去，许多平时从不抽烟的女孩突然拿起了香烟。她们越喝越多，越抽越多。渐渐地，她们一杯接一杯地痛饮，越来越放松。这一切在你看来是如此虚幻和怪诞：你的男友平日里表现得像一个完美的女婿，现在却又吵又闹失去了控制。每当他喝了酒，他总会变成另一个人，这让你觉得很尴尬。白天的他斗志昂扬、严于律己，但每当你们跟他的朋友一起外出，你就成了空气，他会在朋友们面前扮演最酷、最牛、最幽默的那个人，而你只想离开。他在你眼里变得如此不真实，因为你知道他第二天早上要么会穿着衬衣跟朋友坐着吃早餐，给大家讲工作中的趣事；要么会跟你单独吃早餐，但是一言不发，或者跟你争吵，变得完全无法接近。

妈妈 这听起来太过理性和严肃，但事实是：在派对上，没有人知道自己如何才能心情愉快，尽情狂欢。大家都需要借助点什么来提高兴致，或者克服内心的不安，调动感觉无趣的情绪。平时羞于面对自己感觉的男孩们开始喝酒或抽烟，为的是松开他们情绪上的“手刹”。

最后，烟和酒都成了“毒品”，帮助人们避开未被意识到的情绪障碍。有些人需要发泄和释放，有些人则需要紧紧抓住什么。你应该知道，在那种场合里，人们总喜欢手里一直握着些什么，要么是一瓶酒，要么是一支烟，又或者是手机。总之，你不断查看社交软件，像抓住救命稻草一样地跟手机“约会”，因为手里拿着东西让你感觉不那么无助。但是坦白说，所有人在这个时候都渴望自由、爱和真正的交流。

女儿 我渐渐看清楚了两件事。第一，当我感到迷茫时，外界的任何人都帮不了我。因为其他人跟我一样感觉不安，只是我们都在麻醉自己的情绪。第二，你需要不断地麻醉自己，直到无法感知自己的存在，才可以跟其他人愉快相处。这曾让我非常难过。而其中的逻辑很荒谬，因为无论是服装、香烟、手机还是酒精，都无法帮你解决真正的问题，它们并不能帮你克服不安和敏感。相反地，你所有的恐惧被推得越来越远，你不想感受自己的感受，因此与自己的距离也越来越远。但没有你，派对照样进行。

如果这种情况会在你要外出时困扰你，那我只能给你一个建议：准时出门。你想挑战难度系数更大的操作也可以：时不时地放下别人，花时间与自己独处，感受自己的心理活动。这样的话你会更理解别人，不会再那么依赖他们。比如男朋友不理你、完全没空和你聊天时，你会发现，他其实与自己也“失联”了，此刻掌舵的不是他自己，而是酒精！明白这些后，你就不再感到沮丧了。

常常练习解放内心的自我，你将会在自己的内心找到更多的力量，更容易成为旁观者。因为你知道，如果不这样做，那种场合下你很可能就会加入狂饮的行列，带着疑虑融入其中，尝试掩盖糟糕的孤独感。第二天，你只记得自己昨晚喝醉了，除了你的男朋友会让你感觉有点压力之外，昨晚其实很愉快。一般这时候，你不会想起自己的不适感。

妈妈 情绪有一个巨大的陷阱：如果我们想感觉愉快、满足、自由、幸福，就必须去感受。但每当我们去感受时，往往会触碰到自己的恐惧。没有人愿意感受恐惧。可问题是，我们心里储存情绪的空间并不是分区域的，意思就是我们的情绪空间里既储存积极情绪，也储存消极情绪，你不可能只去感受积极情绪而不去感受消极情绪。如果你想重新感受，重新充满活力，想活在沟通与爱里，你就必须做好准备去感受一切。否则，一切都不可能。

女儿 我花了很长一段时间才明白：作为女性，我们在男朋友身边时，常常感觉很糟糕，这是因为他不想感受他自己的情绪，然后这些情绪在一定程度上转移到了我们身上。

我们在第一部分提及：从孩童时期起，我们就常常自动感受他人无意识的情绪。如果一个男人平时很自制，晚上却突然在酒精的作用下变得放纵和失控，就意味着他内心的情绪大门打开了，他不仅释放出了积极情绪，也抛出了所有让他不舒服的感觉。忽然之间，他让你感到尴尬，你觉得他毫无魅力或者只觉得他太过黏人，你只想从他身边逃走。为什么？因为当他所有的情绪一涌而出时，他自己却再次逃之夭夭。他的羞耻感、拘束感和一切他不想感受的，都将被你接收。

许多女性没有设立清晰的自我界限，背负了男人们无法感知的所有情绪。你不知道，我们多么沉浸地活在与我们有情感联结的人的情绪世界里。所以，不断了解自己真的非常重要！

怎么做？

HOW TO DO

01 如果你感受到内心的不安，请尝试有意识地去接纳它，不要评价。

02 问自己（尤其是在你借助外物缓解不安，或者感觉确实需要极力抓住什么的时候）：

我需要什么？

____

是给自己空间？还是与他人亲近、交流？

____

____

怎样才能创造这些条件？

____

____

03 观察一下发生了什么。

一旦你发现别人的行为引起了你某种强烈的感觉，不妨退后一步，将对方放下，尝试将注意力放在自己身上。如果此刻你更想先跟其他人交谈或者干脆回家，完全没有问题。

话题一　自我怀疑

▶ 总觉得自己不够好

别人过得那么成功，又轻松又漂亮；所有人都万事顺遂，只有自己什么都没有。

女儿 我曾经遇到过一些让我彻底理解这个话题的事情，那对于我来说是意义深远的时刻。多年来，我看到别的女生时，心里都会觉得：她所拥有的，是我没有的。后来有一天，一位好友带我去参加派对，其间她用玩笑的口吻说了一件很严肃的事情。她说："今晚我们什么也别想了！因为克里斯汀在这里，她上个星期跟男朋友分手了。"她想表达的是：克里斯汀是所有人当中最漂亮的，而且她现在单身，所有男人只会为她倾倒，我们其他人都出局了。

在我们看来，克里斯汀是我们永远无法超越的终极标杆。她的一切看起来都是那么完美：

> 她曾做过多年模特，长着一张完美无瑕的脸，一头棕色的卷发让她散发着地中海风情；她的个子比我们都要高挑，体重很轻，拥有完美的女性线条和修长的双腿；她的着装也很完美，那种感觉就像是随意往身上裹件衣服，也能让她看起来优雅从容。而我们每次参加派对前都要头疼好几个小时，最后出门时依旧感觉自己不够漂亮。

这种感觉也确实应验了：一旦克里斯汀出现，她什么也不用做，就像有魔法一样，能让所有男人为之着迷。我们周围的各种渠道都充斥着“谁又为她神魂颠倒”的消息。女孩们在社交平台上悄悄关注她，觉得她拥有一切我们渴望拥有的——起码我曾经是这么想的，直到这次派对。

我去上洗手间，洗手间的门可能由于大意没被锁上，因此我看见克里斯汀在呕吐。她显然觉得很尴尬，于是对我解释说自己喝多了，但现在感觉好多了。

之后，我们在厨房并肩站着，她突然又吐了。她已经略带醉意，我还没问，她就告诉我，她呕吐其实不是因为酒精，而是因为食物。她说："吃了东西之后，我总会感觉很难受。我觉得自己又胖又丑，所以要马上把吃的东西吐出来。除了立即跑去洗手间，我别无他法。每次我吃了东西，都必须吐出来……每一次……"

听到她对我吐露的心事，我简直惊呆了。那种感觉就像当年祖母不小心说漏了嘴，她说："世界上根本没有圣诞老人！"我为此号啕大哭了好几个小时。祖母的这句话让我一直以来深信不疑的世界完全崩塌了。现在，我听到克里斯汀说她一直觉得自己又丑又胖，完全没有价值感。我觉得这真的太荒唐了！因为我们所有人都以为她会每天早上亲吻镜子里的自己，每天晚上既满足又幸福地上床睡觉。

当时的我难以理解：为什么像她这样的人会有这种感觉？我替她感到难过。但是与此同时，作为一个人，那一刻，她离我更近了。我站在她旁边，也向她敞开了自己的心扉。我看到，她和我们所有人一样，既是自己的队友，又是自己的对手。所有我以为她不必为之头疼的烦恼，她都有；我们所有的恐惧和疑虑，她也都有，甚至比我们更严重。她外在的完美不能让她爱自己，她无法在自己的皮囊里感觉舒适。

当时我大脑一片混乱，她的坦白让我印象深刻，因为我将她放置其上的神坛，原来根本就不存在。她也不过是个充满不安的普通人。那一刻，我发现自己既肤浅又愚蠢，因为我一直以来只关注她的外表，在拿自己与她做自毁式的比较时，也只关注自己的外表。

我的妈妈曾千万次地告诉我，永远不可能在外部世界找到爱。这话让我很抓狂。但那天晚上，克里斯汀的坦诚让我开始尝试亲近自己，我感受到对自己，还有对她的那份温柔的爱，我非常感动。是的，爱真的不在外面。当我们赤裸裸地展示自己的内在，展示我们的脆弱和恐惧时，爱就出现了。

那晚之后，我开始用全新的眼光看待克里斯汀，也换了全新的眼光看待自己。在所有人都沮丧地跟她比较时，我们相互之间、自己与自己之间都隔了几光年的距离；当她的外墙坍塌的那一刻，我们才会发现彼此那么靠近。这种感觉很好。

回忆这件事情，我意识到：人与人之间这样的比较很荒谬。它将克里斯汀变成了一个物体。

妈妈 与人比较就像饮下毒药。它让你筋疲力尽，让你感觉自己永远是错的，永远不够好。可你就是你，你永远不可能成为你比较的那个人。但你可以为自己寻找一个榜样。

去观察别人如何解决问题，如何应对于你而言困难的挑战，这才能带给你极大的力量和动力。拥有生活中的榜样是一件益事，你可以向他学习，他会向你展示，怎样才能让自己的生活更美好。树立榜样与毁灭性的比较截然不同，因为这能让你成长，让你成为更好的自己。

女儿 我希望感觉愉快，希望感觉与他人亲密。这是我在与人比较时一直追求的，但同时我也迷失了自我。我下定决心从此以后更加善待自己。我开始尊重真实的自己，比如：我爱笑，有爱心，我不性感，我也不是遥不可及的模特，而是可以接近的普通人。我真的更希望能活成这样。

我开始逐渐改变自己爱与人比较的习惯。我跟女生们走在路上时，如果发现自己的目光又像口香糖粘住鞋底一样粘在某个漂亮女孩身上时，我就会主动将注意力拉回到自己身上。记得去感知自己的身体，这个方法很有效，这样能把思维和想象拉回到自己身上和现实生活中。

有时我会问自己一个很极端的问题：如果此刻你能跟那些正爱着别人的男人相处，你跟谁在一起会发自内心地感到开心？针对这个问题，我开始用更遵从内心的眼光去看待他们。我不需要万人景仰，只需与一人同心。我不想成为所有人中的佼佼者，只想开心地做自己。

在此期间，我又一次彻底地改变了我的冥想方式。因为我意识到，我总是频繁又密切地关注其他人，把别人摆上神坛，把自己踩成烂泥，于是我开始以“爱自己（我自己命名的）”的冥想开启我的一天。

我以全新的姿态进入新的一天，与自己和谐相处；晚上外出参加派对时，我也会时不时花上几秒钟时间去关注自己的内心。这一切听上去很简单，但当你开始这样做时，一切都会发生变化。你会拥有更多力量，不再会轻易地被这些事情伤到。

妈妈 你知道艾米·怀恩豪斯（Amy Winehouse）、惠特妮·休斯顿（Whitney Houston）和罗宾·威廉姆斯（Robin Williams）之间的共同点是什么吗？他们都是受万人追捧、荣誉等身的国际巨星，但他们三人的内心都非常痛苦，以至于用极端的方式麻醉自己、摧毁自己，甚至放弃了自己的生命。

我有一天读到一句关于喜剧演员、奥斯卡奖获得者罗宾·威廉姆斯的话："他能让所有人快乐，除了他自己。"

在多年的教练生涯中，我遇到过许多这样的人，你第一眼看到他们时会觉得：哇哦，他们好聪明、好漂亮、好成功啊……他们取得的成就简直太厉害了……但是所有这些通常都不能让他们自己感到快乐。因为幸福法则不是这样的。只有当你能自在地与自己相处，好好照顾自己，关注自己的需求，你才会幸福。仅仅拥有某种很棒的东西，或者看起来很迷人，并不意味着你内心充满快乐。

如果你不能让自己快乐，那一切对你都毫无意义。如果你敢于做自己，找到自己想做的，就会变得很迷人，而且也会给你带来成功和幸福。

女儿 在这段时间里，我一直在思考几个问题：我希望如何定义自己？我因为什么而被他人看到？是什么构成了我？什么让我值得被爱？什么让我幸福？

我开始修葺自己的生活，不再认为一切都是既定的，开始专注于对我有益的事情。如果我感觉不好，我会花更多时间冥想。我做的一切都是为了让自己从内心深处感觉快乐，因为我意识到，只有这种发自内心的快乐，才能长时间地持续存在。

怎么做？

HOW TO DO

01 当你放松时，审视一下自己爱和人比较的习惯。

比如出去散步时就可以做这件事，然后时不时地感知自己的身体，比如体会迈开步子时腿的感觉，让注意力回到自己身上。

02 问自己：

与他们中的谁在一起时我会发自内心地笑？会打开心扉？

____

____

03 想想真实的我是什么样的，什么构成了我，我为什么值得爱。

____

____

04 多表达真实的想法，不要一直扮演讨好别人的角色。

当你真的做自己的时候，你感觉如何？

____

____

____

05 查看你的社交媒体账号，看你是在做真实的自己还是将自己包装成了另一个人。

如果是后者，那么试着减少摆拍，更多展示真实的自己。

话题一　自我怀疑

▶ 永远讨好别人，永远害怕冲突

做了很多自己完全不想做，甚至于自己有害的事情，只是为了合群；牺牲自己去迎合别人，只是为了不失去他们。

女儿 你的日子其实过得很好，你期待跟朋友们分享你的甜蜜约会；你想跟她们讲讲工作中那个超酷的项目；你迫不及待地想告诉她们你终于通过了大学里的考试；或者只是想跟她们说你今天很开心。

然后你见到了她们，开始闲聊。你发现，一个由抱怨和沮丧构成的旋涡慢慢将你吞没。她们中的某个人正在生另一个人的气，其他人也加入其中，于是所有人开始一起吐槽那个不在场的人，情绪越来越激动；或者，一个人开始述说她的一切有多糟糕，她的上司或男朋友有多糟糕，于是所有人一起为她的痛苦悲叹，为每个人的遭遇感到不平。

你刚开始可能还觉得对此完全不感兴趣，但是后来你发现，虽然你本来心情很好，但就像被传染了一样，也开始参与抱怨和诉苦。你也开始埋怨：今天的工作有多紧张，某某在社交平台上分享的故事有多讨厌。虽然你感觉不舒服，但你会发现当你加入其中，一切就会莫名地和谐起来。谁的故事更悲惨，谁就获得更多关注和肯定。毕竟大家都过得不好是一种独一无二的创造亲密感和联结感的方式。

你为什么会这么做？为什么忘记你所有的快乐，宁愿跟其他人一起倒苦水？坦诚地面对自己，你会发现：你在潜意识里害怕伤害别人，或者你担心如果沉浸在自己的感觉里，会被别人排挤。

妈妈 抱怨、诉苦和指责最终只有一个结果：你在无意识地谈论自己，认为自己是环境的受害者；或者你在评价他人。这会削弱你的力量，导致分离，让你远离你的强大和爱。当然，拒绝参与诉苦、抱怨和指责需要训练。就算所有人都在抱怨，你依然可以小心翼翼地把氛围变得积极，而这其实正是大家都想要的。

这不意味着你要化身首席教师，教导大家：“抱怨、诉苦和指责只会吞没你们，让你们的生活出错。还是说点开心的事吧！”你首先要让其他人留在他们的状态里，然后开始谨慎地给这次聊天带来新的视角或者聊点其他的话题。

有时，转换话题很有用；有时，你只需要静静聆听，但不参与其中，不要立刻情绪激动。这一开始感觉有点怪，就像你和其他人之间出现了一道鸿沟。但是如果你重新审视自己的内心，你会发现，再一次用抱怨之类的言辞接住话头，只会让大家的心情越来越糟，这对你没有任何好处。回想一下，你身边有什么好事发生，然后你可以不那么突兀地转移话题。这样，你们的聚会才能慢慢进入另一条轨道。

你对你们之间关系的影响力比你想象的要大得多。当你和其他人在一起时，你同时也获得了一种领导力。通过你，更多的爱会进入你们的关系；通过你，其他人也许能获得新的视角。当大家心情都好起来时，你会感觉非常美妙。当你意识到自己可以改变那么多事情，你的生活也会发生很大的改变。

女儿 相信你曾经有过这样的体会：你的老朋友和她的男朋友在一起一年以后，你发现她好像变了个人。他们俩本来拥有不同的朋友圈，甚至拥有不同的生活。但是她逐渐成了男朋友生活的一部分。

- 她住在男朋友家，尽管她觉得那所房子里空荡荡的、不那么舒适。
- 她开始减肥，因为男朋友觉得苗条显得更有魅力，而且他的前女友也很苗条。
- 她不再有自己的生活，逐渐丧失自己的个性，因为她希望融入对方的生活，与他产生联结感。

有一天，她坐在我面前号啕大哭，因为她的男友突然离她而去了。她为什么会那样做？其实和你迎合朋友的“吐槽大会”的原因一样，因为她担心，如果做真实的自己，关注自己，关注自己的感觉，说真心话，表达真正的需求，她就会失去与对方的联结。于是她让自己变成她以为男朋友想要的那个女人，直到最后她失去了自己。

很遗憾，吸引力法则再次生效。如果你无意识地害怕被抛弃，或感觉自己不够好而为了某个人放弃自己，那你终有一日会失去吸引力，因为这个世界不再有你的存在。是你先抛弃了自己，这样的你不具备真正爱人的能力，因为你在感情关系里没有占据自己的位置。结论就是：如果你发现对方不能接纳真实的你，那么，他就不是对的那个人。

融入他人，同时做自己，这必然是你学会善待自己的路上最大的挑战之一，也是你给自己的人生带来真正令人满足的关系的唯一途径。所有人都希望有联结感和归属感，但我们总是难以理解，为什么为了别人放弃自我不能带来亲密关系。其实只有你先与自己联结，并且保持与自己的联结，你才能找到真正的亲密关系。

当你去探寻自己的力量，表现真实的自己，展示你的梦想与渴望，还有你此刻认为正确和重要的东西时，你就会遇见同样做真实的自己的人。他们敢于发掘自己的力量，实现自己的梦想。你们可以相互支持。

为什么参加完“吐槽大会”后，你会感觉这么空虚和疲惫呢？分享成功的喜悦，两个人都快乐地做自己的感觉该有多美妙呢？我不知道你的童年是怎样的，但我知道很多人在家里早已习惯了先为他人而活，认为自己并没有那么重要。毕竟在多数家庭里，这是司空见惯的信条。

我们不是想让你以自私的方式重视自己，而是希望你学会明确地表达自己，更好地支持自己，反复问自己：这适合我吗？对我重要吗？对我有益吗？

实话实说，为了别人而牺牲自己对任何人都没有益处。看看身边的人，你的父母、朋友和同事，没有任何人会因为委曲求全和唯唯诺诺而变得更强大。也没有人会因为你一直帮助他，为了他而克制自己，替他应对挑战而变得更强大。

在后退和牺牲中，你失去了自己的力量，对方也找不到自己的力量。他或许需要你，又或者，他留在你身边是因为他认为自己必须这样。这会削弱你们两个人的力量，让你们的关系陷入困境。

怎么做？

HOW TO DO

01 减少指责，练习让别人做自己。

即使他们的想法和行为与你完全不同，也请少一点指责他们，这样你可以更从容地面对自己，做真实的自己。

02 停止诉苦和抱怨。

诉苦和抱怨没有任何作用，无法改变任何事情，只是情绪上的“环境污染”。如果你发现自己又在抱怨，那么不要评价自己，而是想想当下能找到什么积极的事，然后将焦点放在那里。

03 仔细审视你的关系，然后思考：

你的恋爱、朋友关系目前是什么状况？

____

____

____

与谁在一起可以做自己？

____

____

在哪里可能会反复迷失自己？

____

____

耐心且富有同情心地练习更多地表达自己、支持自己，就算刚开始的时候会出现沉默或冲突的危险。

04 尝试建立与他人之间的界限。

这些界限能让你忠于自己，善待自己。

话题二　单身困惑

▶ 不再相信世界上有真正的爱情

不再相信自己能拥有一段称心的感情，无法想象能找到一个爱自己、跟他在一起就很舒服的人；看着别的情侣心生艳羡，却感觉那离自己很遥远。

女儿 从前，我跟朋友们走在路上看见成双成对的情侣，就会非常羡慕，对此充满渴望。但随后总是立刻出现另一个念头：觉得无法想象真的跟一个人维持一段亲密关系。

我们早已认识到，我们可能不会遇见能坦诚面对自己的感觉、可以“正常”约会的男人。一个朋友常对我说：“唉，我只是想随便去一个地方，遇见一个人，然后我们互有好感。他来问我要电话号码，接着一切都发展得自然又顺利。我只是想要一个普通、坦诚的约会。”

曾经的我，要么一脸羡慕地偷瞄别的情侣，要么对男人毫无信心，但现在吸引力法则让我彻底摆脱了这种摇摆不定的状态。我的内心发生了彻底的变化，单身的我不再羡慕其他情侣。对我而言，拥有一段恋爱关系不再是我的终极目标，不是幸福的必要条件。我现在清楚地知道我在哪里，我想要什么。我认识到，最重要的是我可以很好地与自己相处。

我不知道这对你是否有意义，但当我更了解自己，我就不再那么依赖别人了。从前的我就像一个恋爱关系中的迷失者，但今天的我很清楚：我只想要真正亲密、鼓舞人心的关系。

我所有的女性朋友都渴求，却又都不相信会有毫无保留的人。她们不相信做自己就可以吸引一个人。所有人都感到气恼或沮丧，深信自己再也无法找到可以让自己敞开心扉的人。

如果你也毫无信心，已经听天由命地缩在“爱情无望”的角落里，那么不妨回忆一下前面讨论 5% 和 95% 的章节，告诉自己，关注别人不能帮助自己。你只需要记住：你在外部世界和关系中经历的一切都与你有关。

单身很久以后，你以为自己想找个伴侣，可能实际上只有 5% 的你是这样想的。还有 95% 无意识的你，那是你从过去背负到现在的所有恐惧和怀疑。如果这95%会说话，它或许会说："希望不要又经历同样的痛苦。"

妈妈 也许你已经完全忘记了过去的体验，但你可以想象一下它们像一个很早就写入你心理硬盘中的固定程序，虽然你看不见，但它们还是日复一日地工作着，这样你可能就能理解了。它们一直在自动运行，阻止每一个新的、更好的体验。当你想靠近某个人时，它们会说："注意！务必锁上心门！我曾有过受伤的经历，那种感觉太痛苦啦！以前我弄丢了自己，感觉孤独，现在我不想再经历这些啦！"

女儿 这样，你就陷入了摧毁你一切关系的恶性循环：你筋疲力尽，意识层的你越来越渴望亲密关系，潜意识层的你却想极力避免。你极度渴望再次恋爱，收获幸福；但你的潜意识却竭力阻止别人太靠近你，然后再次伤害你。

为了让你现在经历的一切不再成为过去的翻版，一切旧有的糟糕体验成了你的阻碍。突然有一天，你开始坚定地相信，你所渴望的自然、美好的关系再也不会有了。

妈妈 这一切不过是你的想象。如果你所有的约会都以失败告终，单身的时间越来越长，你又想摆脱单身，那么你的大脑里肯定是堵塞了一条神经元高速公路，你的潜意识里出现了一个坚如磐石的“一切皆不可能”的程序。反复出现的想法和感觉会在大脑和神经系统里联结，然后成为坚定的信念。所以，你的过去早已深深地刻在你的“硬盘”上，致使你此刻无法张开怀抱迎接新的体验。

女儿 我很多女性朋友都不再相信一切真的都会好起来，所以满足于当下将就的关系。你可以试着感受，当你认为你不会再拥有真正的感情时，其实是对命运做出了巨大的妥协。这就像你尝试了二十次三米板跳水，但每次都是肚子先接触水面。那么，当你再次站上跳板时，你只会想：“这次肯定也会很疼。”你害怕往下跳，害怕再次经历痛苦。你看着池子里的水，觉得那就是痛苦，毫无乐趣可言。

你的内心对冒险没有期待，没有跳入水池那一刻美妙的感觉，只有恐惧。但是，这恐惧并不是你从三米板跳下时自然产生的感觉，而是你的旧体验，只是你意识不到这一点。

想到三米板跳水，你就只想到肚子先触水；想到关系，你就只想到“这个世界上就没有正常的男人”。但事实上，还是那句话：你相信什么，就吸引什么。你一次次奔向错误的人，或者让自己卑微到尘埃里。好了，你的程序又一次完成了自己的任务。

我的个人经验是：我通过冥想将旧程序从潜意识层移动到身体层，许多事情都发生了翻天覆地的改变，生命中也出现了更多爱和更多优秀的人。

但我依然痛苦地认识到，我确实无法从外部入手改变这一切。改变必须是由内而外的：如果你想再次经历爱，那么你要先敞开自己的内心去接受爱。然后就是迎接日常生活中的挑战，比如你必须重新站上三米板，再次做好准备重新开始。这是整件事情中最困难的一点：从旧的思维电影中退场，为自己写一部新的电影。

有自我意识的人和没有自我意识的人唯一的区别就是挑战头脑的能力，以及区分自己的认知和真相的能力。

所以，专注自己的外表或外部世界的男人，在他们身上找问题无济于事，你要在自己身上寻找问题。这就意味着，你必须先放下一段不满意的关系或者在一段时间内减少约会。我刚开始这样做的时候，感觉非常痛苦。但我学会了放下对自己无益或不适合的人和关系，思考真正需要什么、自己的处境是什么、我必须改变自己的什么。

你无法改变别人，你要让自己成长。等日后你有了更棒的亲密关系，你就会发现自己的努力结出了多么丰硕的果实。不要感到有压力，我先说明：

不要强求自己必须拥有一段幸福的感情，如果你非要这么去要求的话，那么你的努力就付诸东流了。我们想说的是，你必须清楚自己要什么，然后果断放下对自己无益的事情。

这种观念的转变就像你的新爱好，从现在起要在你的生活中占据一席之地，帮助你活出真实的自己。你要重掌生活的舵，一步步脱离毒药般的关系，并且不停地与自己斗争，逐渐成长为一个清醒地知道自己要什么的女人。

怎么做？

HOW TO DO

01 经常练习让自己从意识层转到潜意识层。

当你的意识说“我再也不能遇见一个在一起很舒服的人，一个喜欢我的人了”时，请把这句话反过来说。问问自己：在现实中遇到会这样想的人，他们内心在想什么？是不是“我不再相信自己是值得被爱的，也不相信我是爱自己的”？

02 问自己这些问题，并感受这样想时的感觉：

在经历所有伤痛以后，我觉得我爱自己吗？

______

______

我有多怀疑自己是否值得被爱、是否漂亮、是否有吸引力？

______

______

我有多怀疑自己是否还能拥有一段美好的感情？

03 就算难过也要诚实地清理自己的内心。

去真正感受你的感受，你可能会绝望，会悲伤，但是接纳这些感受会非常治愈。然后，勇敢地踏出重要的一步：不要沉浸在这种感觉里，而是成为你渴望成为的那个人——一个真实地表现自己、善待自己的人。

04 勇敢地去感知你的感受，然后友好地对待自己。

你只需要安静地坐着，让所有情绪跑出来。即使你发现“我觉得自己又矮又丑”，你依旧可以像一个好朋友一样对自己说：“没关系，我依然爱你。”不要再排斥你的感受，不要再装酷，不要再表演，友好地与自己独处吧。

05 练习冥想。

话题二 单身困惑

▶ 总喜欢不可能的人

自信迷人的人会让我自卑，也让我着迷，就算他对我没兴趣，我也要使出浑身解数去吸引他。

女儿 我的一个朋友最近有过一次美好的约会（至少从她第一次的讲述里听起来是这样的）。那个男人虽然有点难以接近，却散发出无穷的魅力。好几周的时间里，她都表现得好像肾上腺素飙升一样。直到有一天，她无精打采地联系我，说对方在几次约会以后不再联系她，也不再回复她的消息。

我们为此展开了讨论，因为她完全没办法解释整件事情。然后她意识到，其实一切在刚开始的时候就不是真的美好。她不得不承认，她从第一刻开始就很不安，约会时一直在想自己是否做得面面俱到。她说：

> 其实我一直都很紧张，一直在问自己，我刚刚看起来怎么样？我在说什么？怎样才能尽量表现得轻松？我从来没有真正走进他的心里。
>
> 这次糟糕的经历让我想起了以前学网球的时候，那时候我时刻想着，该怎样正确地击球过网。

说这些话的时候，她变得很平静、很忧伤。她突然清楚地看到，那个男人之所以对她有魔力，是因为他看起来拒人于千里之外，而她必须不断地争取他的关注。

妈妈 如果你遇到一个看起来冷若冰霜的人，却又恰恰因此特别为他着迷，那只有一个原因：恐惧。驱动你的不是亲密感或爱，而是这个很老的机制。它在你的潜意识里运作，让你努力追求爱情。这一切都是自动运作的，绕开了那 5% 有意识的你。你不再去感受，而是尝试用某种策略达成目的。你在潜意识里认为，你不配拥有爱，真实的你最好消失，只有这样才能如愿以偿。

女儿 我问她，当费尽心思追求一个“生人勿近”的人时，她感受如何。她说：“令人恐惧，不安。”当我问她是否熟悉这种感觉时，她闭上眼睛点了点头。她沉默了许久，然后泪水淌过她的脸颊。她说：

> 我一直希望，有一天家门打开，我的父母又成双成对地走进来。但是那扇门从来没开过。我父亲突然有了新的妻子和儿子。从那时起，每当看见父亲，我的内心就会产生这种孤独、恐惧和不安的感觉，总是担心他不再爱我。那时的我才九岁。我多么害怕失去他。我几乎每天下午都在网球场上，想象着他在一旁观看。我想：如果我变得足够优秀，他就会重新喜欢我。

妈妈 当你真正认识到深埋心底的旧体验和今天无意识地推动你向前走的东西之间的联系，一个特殊的时刻就到来了。这一刻就是疗愈的开始。一些东西从潜意识层浮到意识层，你无法仅靠理智，还需要依赖感觉才可以理解是什么让你陷入如此痛苦的处境。你现在可以接纳旧情绪，在心里把这个孤独、无助的女孩拥入怀中，给予她理解，在你的想象中安慰她——然后，你内心有些东西开始愈合和重新联结。你不必再扮演完美的角色，可以成为越来越真实的自己。

女儿 对我而言，换种视角看待感情是个小小的考验。这意味着我要看看自己正在经历什么；问问自己，我可以在多大程度上做自己，在多大程度上能够清楚地认识自己；或者过去的恐惧在多大程度上仍然掌控着我。当我开始使用策略时，我知道自己又被不安控制了。你可以继续感受不安，但你要意识到发生了什么，然后再慢慢地做出一些改变。

比方说，你觉得“他太迷人了，我的心脏怦怦跳”，然后你立刻想：“我应该对他微笑吗？”这时你可以有意识地在大脑中按下暂停键，继续感受一会儿。也许你会感受到你的心跳，意识到你需要给自己一点时间；也许你也会毫不掩饰遇见他的喜悦，一脸明媚地看着他。你可以享受兴奋、喜悦和肚皮酥麻的感觉并与他人分享。这才是你真正的本性。

克制自己、行事有策略就像囚禁你的感觉，会让你离自己越来越远。这样的你虽然也可能成功地与对方搭上话，但他认识的“你”却与真实的你毫无关系。

妈妈 在这种情境下，我可以教你一个实用的小技巧：如果你感觉不安，那么就花上几秒时间在自己的身体里寻找力量，将注意力引向你的内心，以此来重获自信。没有人会注意到这一点，但是你确实有可能更亲近自己，不在外部世界迷失自己。当你重新感觉到自己的存在时，你会更清楚你的心里发生了什么、你要做什么。这样，真实的你——而不是那个被自动化控制的你，就可以重新掌握方向盘。

女儿 所以，我们家有一个“感知双脚”的仪式。

如果此时你感觉内心惴惴不安，那么就将注意力往身体的下方引。此刻你需要找到一条离大脑最远的路，而身体的最底部就是双脚。你不需要看，试着将注意力集中在某根脚趾上或者脚后跟上，试着去感受那里的感觉。这就是名副其实的向下靠近。如果内心的不安又将你的注意力往上转移，你就再反复尝试几次。

这虽然是个小练习，却在无数个情境中帮助过我。最近我参加了一个重要的线上会议，需要与人谈判。我在脚底下放了一块小小的尖石头，整个会议过程中我有意识地去感受压在它上面的感觉。这样任何事情都不能真正让我慌张了。

再次回到酒吧里的问题：如果你发现自己感到不安，然后立即跟朋友们谈论这件事，往往没什么帮助。通常你会听到给你的建议，但这只会将你的注意力带回你的大脑。比如有人对你说："保持冷静……你不能表现得太好接近……你不能表现得太过迫切……"

如果你正在因为单身而心烦意乱，又觉得这个家伙很不错，那么你可以接近他。这很正常。但你也可以跟朋友们说，你正在尝试新事物，告诉他们你希望弄清楚自己的感觉，包括你的恐惧。这不是在诉苦，你也没有把自己变得卑微，只是在诚实地谈论你当下正在经历的事，最重要的是告诉他们你真实的感受。

你不再孤独地走这条崭新的、激动人心的道路，而是告诉大家，你已经决定继续成长，已经做好准备迎接新的、美好的可能性。这里面同时藏着勇气和力量。就像你告诉别人从现在起你要有规律地慢跑，你正在控制饮食，打算减几公斤的时候，你会产生一种感觉：我现在宣布了我的决定，我也会坚持下去。

当你决定摈弃旧的约会策略，开始表现更真实的自己，追求真实的相遇时，你就可以这样做了。不过最好挑你最信得过的朋友，因为当他感觉你不真实或再一次逃避自己的时候，他能给你诚实的反馈。你们可以将这件事当作一种轻松的挑战，互相揭穿对方的老把戏，制造一些乐趣。

怎么做？

HOW TO DO

01 拥抱过去的自己。

架起一座通往过去的桥梁，帮助过去的自己实现放手。

02 感觉不安或无助的时候去感知双脚，或用别的方式找到身体里的力量。

03 给自己和最亲密的朋友诚实的反馈。

不是为了保护自己，而是真实地与自己相处。

04 及时发现自己又开始耍小心机、掩饰真心的时刻。

勇敢地重新去爱，重新打开心扉，期待梦想的实现和一段舒服关系的到来。

话题二　单身困惑

▶ 没安全感，小心翼翼地确认对方的反应

恋爱后就一直精神紧张：应该跟他说什么？应该在社交媒体发什么？是不是要先联系他？要等多久才给他发信息……

女儿 当你认识了一位新朋友，你应该为此感到高兴。但是你一开始还可以轻松、随性地对待这件事情，之后压力值就直线上升。你突然开始对自己做的一切充满怀疑。你不停地问自己：他会怎么想？你对自己发的所有信息、社交媒体的状态都深思熟虑。你跟朋友们讨论，只是为了确认怎么做才够酷或潇洒。

当你想跟他联系时，情况变得一团糟。你不停地问自己："我要联系他吗？他在线吗？我是不是最好等一下？我要给他

发什么内容？会不会太多了？他会觉得自己被信息包围了吗？什么样的联系频率才是正常的？”你打下一些字，因为很想知道他现在心情如何，但你随后又删了，因为你发现他刚好在线。你迫不及待地在社交软件上发布动态。因为你觉得，如果他知道你这会儿看起来这么美，一定会给你发消息……

不管你的内心活动具体是怎样的，只要你退后一步诚实地看待它，你就会发现，一方面你根本不相信真实的自己值得被爱，另一方面又不再信任自己的感觉，再也无法感知什么感觉是对的，什么是错的。你发现自己只有脑袋却没有感觉。

老实说，这个认识自己的阶段是相当难熬的，你要训练自己重拾自我价值感和自信。我一次又一次地尝试停留在自己的感觉里，不要成为控制狂，而是学会放手和理解自己的感觉。但我渐渐发现，当我允许一切顺其自然地发生，更多地关心自己的生活，而不是费尽心思反复确认才能行动时，我会感觉无比轻松。

我发现，“什么时候联系”这个问题根本不重要。真正重要的是去感受，你问自己是否应该联系他时，你想要的是什么？你为什么想这么做？你是不是充满恐惧，只想确认他是否会有反应以及会如何反应？他还想跟你在一起吗？他会不会说些哄你开心的话？

此刻，你不是策划一个聪明的自我营销策略，而是要去亲近一个人。最重要的是，你跟他接触时感觉如何？请停止反复确认什么时候找他看起来最从容，你现在能做的最好的事就是去探索跟他接触时的真实感受。

问问自己：我为什么想联系他？是因为想他了而且想告诉他？告诉他你感觉很美好？如果是这样，那么给他发消息吧！但是如果你是害怕失去他，因为他没有任何消息，这令你感觉孤独和没有价值，那最好暂时不要联系。

现在我明白了，最重要的是，我想要联系一个人的愿望是不是出于需求或者自然的喜悦。请试着越来越信任自己：你是不是正一个人坐在家里，心情压抑地问自己，你和他之间会不会有结果？或者，你问他能否见一面，是不是因为担心你们的联系会中断？你会不会穷追不舍，不停地发消息，尽管你知道不应该再这么做，因为他早已退出了这场游戏？或者你联系他是因为你过得很好，正在做很美好的事，想跟他分享一个好消息？

妈妈 如果你意识到，你整整 23 秒的时间都在想着用社交软件联系他，因为整整 23 秒都有只缠人的猴子充满恐惧地在你的肚子里折腾，那你需要给这只猴子来一次放松训练。

放下手机，闭上眼睛，安静地坐一会儿，深呼吸。

一次，两次，三次……直到你再次回到自己的内心。

你最好能在这种情绪紧张的时候进行一次小小的冥想训练，这能帮助你慢慢地重新回到自己身上。因为你有可能需要几天或几周时间才能从心底里戒除这种小心翼翼联系他的瘾。

女儿 借助定期的冥想清理自己内心的过程现在听起来或许还有点陌生，但是这种放下的过程最后带来的结果已经给过我很大帮助。我学会了从内心出发寻求放松、信任和美好的感觉。也就是说，我越来越不需要从外界获得安全感和愉悦感，越来越不依赖外界了。

我学会在这种时刻更关注自己内心的感受，并通过冥想让自己保持这种状态，我的内在真的发生了改变。我变得更勇敢，能毫不隐讳地写下“我正在想你”。我觉得这简直太爽了。当他五天不联系我时，我也能更理解自己的感受。不管这样做是不是显得不够酷，总之我会发自内心地告诉他，这令我抓狂或者悲伤，或者我觉得这不是件好事。这令我很释放。

重要的是，只管表达你当下的真实感受和想法。这样做，你是在表达真实的自己。这么做的好处是，你会吸引那些能坦诚地面对你、真实地表现自己、不玩愚蠢把戏的人。

怎么做？
HOW TO DO

01 紧急冥想

当你发觉自己因为与新认识的男朋友联系太少而变得不安，穷追不舍或感觉迷惘时，那就赶紧开始冥想。你可能需要多次练习，直到感觉内心更为平和。

02 明白当你们不见面或不互发消息时，你也可以过好自己的生活。

不用等他来约你见面，可以为自己或跟朋友计划点有趣的事情，或者舒舒服服地待在家里。

03 学会更清楚地认识自己的感觉，而不是逃避它们。

问自己：

这种害怕失去的感觉是否似曾相识？

是否觉得你们根本就不合适？

____

____

他在联系我时，我是不是太没有耐心了？

____

____

你可以通过冥想来解决这些问题。如果你发现他不是那个对的人，或者他的行为对你没有任何益处，那就放下他，不要再紧紧抓着他了。

话题二　单身困惑

▶ 空虚但不愿谈论感情，只发生性关系

对许多男人而言，床第之欢必须遵循剧本；自己的两性关系，感觉像是一部蹩脚的电影。

女儿 我有一位朋友经常会带男性回家过夜。当我们问起这些事时，她也会很坦白地告诉我们。有时我们女孩寻寻觅觅，想要一个男朋友，不想总是形单影只地回家。我们需要真正的肌肤之亲，于是会首先选择接受身边较为熟悉的男性中最好的。

妈妈 道德在这里是一种理论概念。你只能自己感觉，什么对你真正有益，你需要什么。为此你必须考验自己。但是我会仔细思考“性关系”这个词。你真的想要发生性关系吗？

事后你会感觉心满意足吗？

女儿 每当我思考为什么想跟某个人发生性关系时，我的答案总是“因为我想跟他产生情感上的亲密联系”。我想更亲近他的本性和感觉。当然，人们的第一反应会认为这只涉及肉体。但是肉体也与亲密有关。

妈妈 性爱走过了一段很特别的历史。我认为它特别珍贵。它是身体内美好感觉的表达，但它又不仅仅与身体有关。感觉源于内心，在发生性关系时，用心感受，我们的身体可以感知它们。但是几个世纪以来，性越来越成为一些人完全不用心，只用行动也可以做的事情，或者有些人只是单纯地想发生性关系。这样，性很容易变成一种瘾或一种挫败。这世上有很多人像瘾君子一样越来越需要性，因为没有任何东西能进入他们的内心。

遗憾的是，这个时代有很多人常常只从屏幕或网络了解性，而不是带着脆弱的心和敏感的身体从与真人的真实体验中了解。男孩们知道，当他们感觉紧张、不开心或需要被认可时，性能让他们感觉好受。很多人根本不知道如何用心感受性。女孩们也逐渐成为其中一员，尽管有性生活，但有时感觉异常空虚，渐渐地迷失自己的内心。

女儿 我认识一些女孩，她们跟不同的男人发生过性关系。她们说：“我不想要关系，性也可以让我快乐。我就是需要它。毕竟我有权做我想做的事情。”当然，每个人都可以做自己想做的事情。但是坦白说，就我的感觉而言，她们的说辞都没能令我信服。她们的话听起来总是与某些感觉割裂开来。我认为，发生性关系时最重要的一点是诚实地对待自己。

如果你想跟一个人发生性关系，是因为你正处在一个探索的阶段，你发现：“嗯，这让人感觉放松……这令我兴奋或者对我完全没有吸引力……事后我觉得空虚和不安……我这样做是因为我其实想要亲密感……”

如果这对你而言是合适的，那完全没问题。如果你在不断尝试新事物，同时允许这些交往带来不安、恐惧或失望，那也是你的选择。

妈妈 重要的是，要注意别用理智为自己辩护，将自己的感觉隔绝在外。比如你说：“哎呀，没那么严重。反正大家都这样。”那我只能回答你：“你说的或许是对的。但你不是‘大家’，只是你自己，一个独一无二的存在。所以，你和你的心还有你的身体都有自己的道路。”

女儿 所以我觉得，允许自己尝试非常重要。我们要经历各种阶段才能成长。我们也不是每天都很有兴致。有些晚上我们也会感觉糟糕透顶，不让任何人靠近，甚至会抗拒脸颊上的亲吻。这是因为我们当下感觉很混乱。但是也有可能反过来：当我们感觉糟糕时，会为了逃避自己而随便找个人在一起。这时，调情或性就是有害的，你沾染它们，只是为了避免感受内心的空虚。

怎么做？

HOW TO DO

01 有意识地面对让你感觉空虚或孤独的情景，练习感受自己的情绪，即使它们是不愉快的。

观察自己，你是否在去约会之前，需要先借助外物放松自己？或者宁愿玩性感游戏，也不谈论感情？下一步，请勇敢地感知你的不安或者对肯定的渴望。

最后，说真实的、发自内心的话，做真实的、发自内心的事。

02 思考一下什么能让你幸福，然后想办法让自己在生活中获得这种感觉。

尽情地做白日梦，诚实地想象你想要的生活。但是不要将这种生活寄托在具体的某个人身上，因为这只会让你再次被别人牵着鼻子走。

还有，你要想象令你快乐的事。比方说，想象自己正非常放松，在信任的氛围中跟某个人在一起做快乐的事，感觉身上的每个细胞都被他吸引，同时可以跟他一起欢笑。

话题二　单身困惑

▶ 渴望爱又推开爱

只喜欢不喜欢自己的人，对其他人毫无感觉；当有人尝试靠近时，反而觉得束缚。

女儿 我有个朋友，她的情史不可谓不丰富。她时不时找到一个新男友，对方很爱慕她，但是她很快就觉得对方过于黏人，虽然在我们看来男生不过是很贴心而已。不久之后，她觉得自己被束缚得越来越紧，最终她无法承受了，就会选择结束这段关系。

恢复单身不久，她很快又开始了与另一个人的故事。只是这一次，她给自己找了一个愿意保持距离感的伴侣。两个人都没有真正让对方靠近自己，我们从朋友视角看，他们完全谈不上是亲密关系。不知从什么时候开始，她又觉得被折腾得筋疲力尽。在这段关系里，她不是感觉被束缚，而是在努力争取亲密。没过多久，她又重新交了一个对她好得过头的男朋友。

妈妈 如果你在这个故事里发现了自己的影子，那你可能在陷入这种循环时会有各种说辞。只有承认你的恐惧，你才能走出这种困境。勇敢地仔细审视自己，你会发现你的理智和你的内心之间一直存在矛盾。如果你的心已经受过一次伤，那在你开始一段新的关系时，往往会先动用理智将心封闭起来。

如果你现在反驳说“不、不，我没有受伤，我想要自由”，那我只能说：“没有人可以不受伤、不心碎地走完这一生。”你已经知道，有意识的我们无法感受到潜意识中的旧伤，我们总是想办法与真正的亲近保持足够安全的距离，不再真的让人靠近，以免再次受到伤害。所以一旦有人过于靠近那个理智的你，不想再次经历痛苦的你将又一次成为阻碍。

回忆一下 95% 和 5% 的规则：你对绝大多数内心活动一无所知。这个“要亲密还是要距离”的游戏完全是在无意识中进行的。5% 有意识的你对自己说：“我只想要自由！”却不知道，你其实一直在用尽全身力气逃避痛苦。你不知什么时候在自己周围竖起了隐形篱笆，企图将痛苦永远挡在外面。当你被一个同样用篱笆包围自己的人吸引，你会站在他篱笆外的安全距离内对自己说："要是能得到他就好了！"但这当然是不可能的，因为你们两个同样害怕联结。

又或者是这样，一个人向你走来，你感觉他离你的篱笆太近，于是心想：别过来，我受不了。然后你迅速将其推开，告诉自己："他很无聊……对我太好……在我面前过于软弱……我需要更多挑战。"

无论怎样，有一件事你始终没做：走近一个人。

女儿 当然，你也可以只是单纯地不喜欢某个人，这和我们讨论的不健康共鸣不是一回事。我们是希望你从现在起诚实、细心地对待自己的感觉，去清楚地认识到，你什么时候重新回到了自己的电影里，什么时候跟某个人毫无关系。

如果你对我那个朋友频繁更换男友的故事感到似曾相识，那你要勇敢地问问自己："如果我真的接受有个人如此无微不至地关心我，那会是怎样的感觉？如果有个人总是顺着我，我会有什么样的感觉？”你可以想象一下，经历一件美好又轻松的事情是什么感觉。

我也常常在熟人圈中听说：一些男人表现得特别不友好，就是为了显得从容或者不可接近，以此来吸引害怕亲密的女性。但这恰恰表现了他们的恐惧，而非冷酷。如果有个人告诉你，他对你有好感，并且也体现在行为上，难道不是美好的事吗？

当然，友好与友好是有区别的。我最好的男性朋友说：“装满食物的冰箱也可以是友好的。”这世上当然有人不愿意展现自己的个性，或是出于不自信而处处迁就他人。所以，不是每一个友好的人都是软弱的。

感受一下，如果有人在约会时对你说你看起来很美，或者他很喜欢你身上某一点，你的内心感觉如何？这可以是件美好至极的事情。他不一定是个马屁精，也不一定只是想将你诱拐回家，他也许只是一个诚实地面对自己的感觉的人。如果他可以告诉你喜欢你什么，并且表现在行动上，我觉得这绝对是优点。

怎么做？

HOW TO DO

01 回想自己的家庭关系。

你的家庭是怎样表现亲密的，或者说你的家庭是否会表现亲密？关于情绪处理，你从你的家庭里学会了什么？

以我自己为例，我的父亲在我 17 岁踏上人生最长的一次旅途时，仅仅在机场与我握手告别。这是他能给的最大程度的亲密。在有些家庭里，情绪被拿来开玩笑。如果有人说他紧张不安或者爱上了某人，马上就会得到否定的评价。

____

____

____

02 观察你的家庭什么时候会压抑情绪。

或者，你的家庭能容忍的情绪值有多高——就像对音乐音量的容忍度一样。你们被允许情绪失控的程度是多少？在你的原生家庭里，谁可以随性地表达自己的情绪？你可以在多大程度上表达自己的情绪？

03 问自己：

你多大年纪时，完全敞开了自己的心扉，但因为对方不知该如何回应你的情绪，所以你感觉受到伤害？

然后坦诚地面对自己的内心，再一次接纳再自然不过的对亲密关系的需求。

04 有些家庭可能与压抑的家庭恰恰相反。

你的家庭里是否有人特别喜欢表达自己的情绪需求或者情绪失衡，导致你只能封闭自己或冻结自己的内心？这可能令你今天无意识地害怕再一次被别人的情绪吞没，所以你一直在寻求与他人保持距离。

话题二　单身困惑

▶ 选择将就，骗自己以后会变好

你跟某个男人在一起，却只能寄希望于他未来的潜力；你在朋友面前为他辩解，告诉她们他其实本质很好；你说服自己，一切其实可以很美好。

女儿 在空窗很长一段时间以后，我重新开始约会，也很快认识了一个男人。仅从表面来看，一切都很好。他满足了许多我对一个好男人的期待。看起来，他好像是我想象中的可以开展一段真正美好关系的对象：我们兴趣相投，三观契合。我觉得他的工作很有趣，在生活的其他方面，他也跟我观点一致。尽管我在交往期间总觉得缺少点什么，但我每次都会想：“好吧，但是我们那么合拍，再看看吧。”

有时我对自己说，他喜欢我，我应该觉得幸福；有时我试着说服自己，终于又有人为我守候，我应该感到高兴。当心底涌起奇怪的感觉时，我只是把它推开，然后又一次将事情美化。比方说，我曾对一个朋友这样描述我们的约会：“一切都很棒，我们做了我一直以来想做的事情。只是我们没有太多话讲，不知道为什么，我没办法真正从他那儿听到什么。但是也没关系，也许他没那么容易打开自己，还需要些时间。”

妈妈 一个女人可以永远将希望寄托在对方未来的潜力上。我在培训中常常遇到这样的女人，她们已经经营一段关系好几年，甚至几十年。她们一次次地说服自己：“终有一天，一切都会变成我一直以来想要的样子……也许还会有变化的……也许他能再次做这件很美好的事／终于不再做这件烦人的事……”

只不过，如果你们内心硬盘中的程序一成不变，那这一天永远不会到来。改变你的关系只有一种方式：更新你或他的硬盘。只有当你们真正准备好改变自己的内在，直面自己的过去和恐惧时，一段关系才会发生转变。

转变从来不会因为你满怀希望地等待或因为他的承诺而发生。如果程序一成不变，屏幕上的一切也会照旧。不面对你们的恐惧，它们就会继续默默地决定你们的生活和关系。

女儿 我意识到，只有一个人可以真正改变一段僵化、搁浅或不健康的关系，那就是你自己。不要忘记同质相吸。如果你改变自己并终于学会好好照顾自己，你的伴侣就只有两个选择：要么他也改变自己，并学会真正地好好关爱自己，从过去的恐惧或防御机制中破茧而出；要么你们俩就不再合适，你听从自己的内心先把他放下了。

妈妈 相比一直努力让对方改变，你的放下可以让他改变更多。如果你找到诚实面对自己需求的勇气，放下一个无动于衷的人，你会看到你之前因为旧伤畏畏缩缩而无法看到的惊人效果：他完完全全地看到了自己。

因为出现了真空地带，他要么改变自己，要么更努力地排挤情绪，转移自己的注意力，再一次逃避挑战。但是这些都不是你能决定的，你只能做个旁观者。如果他不改变，那他就不再适合你。此时你必须腾出空间，让吸引力法则带你走上新的路，遇见新的人。

女儿　无止境地期盼一个人会改变，就是在浪费时间。你应该问问自己，在这样一段永远靠着希望而活的关系里，你会不会有一天真正发挥自己的潜力，真正活出自己的本性和感受？或者问问自己，会不会因为害怕再也找不到伴侣而依靠在不能真正带来力量的东西之上？

我在结束一段长时间的恋爱关系以后，也遇到过其他男人，但是不知为什么从来没有真正合拍的。所以我那时想："现在必须得有个结果，至少现在有一个有潜力的男人，一定没问题的。"但我潜意识里想的是："要找到一个适合我、可以跟我开始一段感情的男人没那么容易。"

现在你已经知道，这样的信念会带来什么样的效果：它会将每个真正适合你的男人拒之门外。我有许多女性朋友对真正的伴侣关系充满渴望，但其实根本不相信存在这样的关系。所以，她们宁可付出一半真心跟一个人在一起，并寄希望于这段关系的潜力，在他身上解读了各种可能性，也不会让心真的随之跳动。

在一段感情中，我也没有诚实地面对自己。我的理智说："这肯定行得通，因为我不是个太喜欢聊闲天的人。"但本质上我喜欢说话，喜欢与人交流，尤其喜欢谈论真正触动我的事。我也喜欢听其他人吐露心声。一直有一搭没一搭地聊天让我感到疲惫。我虽然意识到我不喜欢他这样说话(如果他说话的话)，但我常常把这种感觉隐藏起来，因为我希望我们之间有好的结果。我只希望这件事情最终能成。

这样，理论上我在他身上看见许多潜力，实际上这与我们真正的相处毫不相干，更多与我的渴望有关。

怎么做？

HOW TO DO

01 问自己：

伴侣或现在的约会对象是否真的愿意面对自己，同时让自己不断成长？

第一步：思考一下，最好在内心感受一下，我对一个男人的期待是什么？他应该是什么样的？将它们写下来，同时审视一下自己过去的约会经历。

第二步：思考一下自己想要的恋爱关系是什么样的。对我而言什么是重要的？伴侣的行为举止应该如何？

____

____

____

____

02 不要在大脑中编织一个男人，因为不可能一切都如我们所愿。

但是如果你对他有一个清楚的设想，你就会知道，你是否在做无谓的坚持，导致你没有真正准备好迎接适合你的那个人。

03 放下无法继续跟你走下去的那个人。

生活自会给你一个答案。如果他是你的，他会改变自己；如果他做不到，他就不是你真心想要的人。

话题三　关系紧张

▶ 期望对方做出改变

你的感情令你痛苦，你倾诉、喊叫、恳求、顺从，但这些没有带来任何改变，你必须停止等待他改变，只需要关爱自己，学会放手。

女儿 在经历几段令人沮丧的恋爱关系、频繁的依恋感和无助感以及几次和妈妈的谈话后，我终于理解和感受到：其他人的许多事与我们毫无关系。因为另一个人做了或没做某件事而感觉痛苦，这太荒唐了。那是他的过去、他的程序和他的模式。如果和你在一起的男人不想或不能真正打开自己、与人交流或改变自己的话，他的僵化行为其实与你并无多大关系。所以，你完全不必将他的事情放在心上。

妈妈 这很重要，因为很多人在这种情况下会错误地理解吸引力法则中的“同质相吸”。我们彼此产生共鸣、彼此相爱或彼此纠缠，并不代表我们是一样的。我们最重要的练习之一就是：我们作为成年人，应该懂得他人的行为属于他人。

孩童时，我们的生活和感觉完全由别人的行为决定。但是现在大家都是成年人，我们应该学会与自己相处，在自己和他人之间设立一个健康的界限。用这个新视角看问题，你可以看到你另一半做的那些无益于你的事。它只是反映你究竟是在好好照顾自己还是依旧在别人的世界里削弱自己。就这点而言，你如何处理那些事、是不是被那些事影响才与你有关。

女儿 我们女人常常是这样的：

从进入一段关系起，我们就越来越少关注自己的需求，越来越多地与伴侣交织在一起。我们不再是自己，也不再清楚自己想要什么、无法再忍受什么。我们不会清楚地表达自己，而是费尽所有力气想办法将伴侣强行变成我们想要的样子。

这时的我们完全没有意识到，我们早已到达痛苦的临界点，现在应该放手和克服我们的恐惧。我们变得越来越沮丧，试图说服自己我们有多爱我们的伴侣，不想失去他。但我们往往不明白，这一切不是爱，而是一种依赖。

我曾经在一段恋情中掉入了这种陷阱。我变得越来越疯狂和不快乐，因为我跟他之间的进展实在慢得可怜。那段时间，我已经不知道如何从外部帮助自己，于是有一天我决定加强自己的冥想练习，想让内心发生真正的改变。

我想逃出陷阱。我想继续成长。我进行了“爱自己”冥想，希望找到更多对自己的爱，重拾自我价值感。后来我又练习了“关爱自己”，它帮助我设立更为清晰的界限。我迫切地需要这些界限，以便重新感知自己，为自己争取空间。

一开始什么事也没有发生。我感觉冥想只是让我更清楚地感受到，我那时做的一切有多么疯狂。我有时变得十分悲伤，因为意识到我原来这么不爱自己，这么不尊重自己。慢慢地，我变得平和。我内心有些东西开始放松。

后来我们再一次毫无征兆地吵了起来。通常情况下都是我对他吼叫，跟他辩论，直到他终于有所觉悟。但这一次突然不同了：我发觉他封闭了自己，我现在无法靠近他。但我这次冷静了一些，只是觉得这场争吵让我感觉很累，我现在要停下来。我看着他说："我们休战吧，这总是让人筋疲力尽。"我变得更为平和，冷静地走向门口，准备出去散散步。

等我回到家，他也更冷静了。我们小心翼翼地靠近彼此，都变得更为平静。从那以后，我更频繁地冥想。我练习不再沉浸于争吵，而是更果断地放下——不再执着于要在所有事情上澄清谁是对的，谁是错的。我练习如何放下。我第一次真正有意识地感觉到，我内心的态度对我生活中的一切有多大影响。

几年以后，我再次经历了一件很极端的事，体验了我的内心世界对外部世界的影响力。当时的我又一次在男人身上迷失了自我。我当时交往的男朋友常常说些最后无法兑现的甜言蜜语。他约我周六晚上外出，我期待了一整天，直到约会前半小时，他才在社交软件上给我发了一条简短的消息告诉我，他很抱歉因为家中有事来不了了。

有那么一会儿，我感到很震惊，差点想要跟别人出去大醉一场，来一次真正的狂欢。但我随后想道："不，绝对不行。安娜莱娜，你现在要搞清楚自己的感觉。"瞬间我就觉得舒服多了，关注自己才能真正感到快乐。

但是第二天早上，星期天的五点，我突然醒来，再也睡不着了。我的内心产生了失去他的恐惧。"不，不要旧调重弹。昨晚与自己的独处很美好。现在的想法是旧的。我不会用旧的糟糕感觉开始新的一天。"我坐在床沿上，开始早上五点钟的冥想。我让内心沉浸在爱的感觉里，直到我感觉更自由、更自信、与自己的相处更舒适。

感觉像经历了一个世纪以后，我完成了几次冥想，然后睁开眼睛，发现已经七点半了。此时，我感到体内有一股比昨天晚上更强的力量，我感觉自己充满了活力，我才是自己的主人。我穿好衣服，去做自己最喜欢的事——骑行。

听着美妙的音乐，我大汗淋漓，感觉真的把什么东西都蹬走了。骑着自行车，我的一切思绪都清晰了。我突然明明白白地知道，我为什么在一个还没有跟我结婚，甚至没有真正和我在一起的人身上花费那么多力气。原因只有一个：

我害怕放弃我们之间拥有的这一点点亲密之后，就再也感受不到一丝的亲密了。

我再一次回到了很久以前的情绪世界，但我现在不会再让它进入我的内心和我的生活了。

从那个世界出来后，我感觉自己像个不折不扣的女英雄。我知道：我现在可以放下整件事了，无论他做什么。我现在要做我应该做的事：重新相信自己和自己的感觉，更尊重自己。我的内心为那些从这一刻起要进入我生命的新事物腾出了空间。

如果你感觉是时候结束了，也不意味着你必须分手。你只是不再冒着不知道之后要发生什么的风险，做对自己无益的事情。你首先要为新事物腾出空间。这有时令人感觉空洞，这种感觉不舒服、不柔软、不熟悉。当你停止争吵、抱怨、纠缠、诉苦，空间就产生了。

你可以与自己独处，更新自己的内在，不再去为他做什么，也不再与他对抗。试着先放下他。你既不需要结束你和他之间的联系，也不需要与他分手。你只需要关注自己的生活，而不是不停地想办法修复你们的关系。

妈妈 我可以分享一下我的婚姻故事。我现在结婚已经超过了25年，回望过去，可以说，无论我多么想改变我的丈夫，他一次也没有改变过。只有当我放下令我痛苦的事情，去做对我而言重要的事情，改变才会发生。

在我们的婚姻里，时不时会发生让我受伤、愤怒或感觉无聊的事情。我相信你也有过这种经历：他一直待在电脑前或和朋友待在一起；或者你坐在那里，莫名其妙地感到生气或抓狂，心想“如果他不停下来，我肯定会疯掉”。

当我不再为此激动，而是不去管它，我会告诉自己：“我现在对这件事不感兴趣，所以不会参与。我不想去这种派对，不想再看这种电影……”然后我就离开。只有这时，改变才会发生。

随后一段时间，你和伴侣的关系一般会陷入紧张，但你必须清醒地度过这个阶段。之后，你和自己之间也会产生真空地带。你可能不知道自己过得如何、自己想要什么、自己是谁。在此之前，你的伴侣就像你的项目一样重要，而现在，你把自己变成了最重要的项目，承认自己的生活需要一些彻底的改变。过多地压抑自己，只会让你像被关在马厩里的赛马。你变得没有活力，因为你太久没有放开本性肆意奔跑。你现在得先认识作为女人的你，认识那个住在你心里、长期以来压抑着的女人。

离开舒适区吧，有些东西早已在你的心里和灵魂里呼唤你。你假装没有听到这些微弱的信号，一次又一次地逃避，说：“我不能一个人。我做不到。我需要他。”但事实是：你可以做到你真正渴望的事情，之所以你会有不安和恐惧，是因为你怕自己忠于内心，就会失去他。

但你必须挺过去，挺过去之后你会发现，你变得更自由、更有魅力。你会用新的眼光看待他。我从我和无数其他人的婚姻中发现：你改变之后，他也会用新的眼光看你，因为你已经焕然一新。这很迷人。

女儿 记住不要自己踩进陷阱。不要因为希望对方更喜欢自己而去做这些事，否则你又是离自己而去了。因为这不是让你变得更有魅力的手段。我们只是希望你做自己想做的，做自己要做的，但当你改变自己、关注自己时，不要去期待这会给你的伴侣关系带来什么。重要的是去真正感受自己内心渴望什么，什么给你力量、让你快乐。譬如，问问自己：我还想攻读硕士学位吗？我想换工作吗？我想单独待一会儿吗？我想冥想吗？我想整理一下房间吗？或者我要不要去做我计划已久的事情呢？

你专注自己的事情时，很有可能变得更迷人。着手去做自己的事，不要管你们的伴侣关系是否还合适，也别去关心你走自己的路时对方有没有跟上你。也许你会慢慢发现，他已经不再吸引你，不再适合你的生活。这是这件事的风险所在，但这份风险会让你真正有机会获得自己的幸福。

怎么做？

HOW TO DO

01 有规律地进行冥想。

如果你觉得自己在伴侣关系中一直委曲求全或依附于男友，那么开始冥想，直到你能自主地设立界限。

02 给自己一点空间，问问自己：

什么是我不再想要的，什么是我想要却还没有勇气付诸实践的？

---

03 写下你的梦想。

记下所有的梦想，无论它此刻是多么渺小或微不足道。勇敢地去做梦吧！

04　问自己：

我在生活中必须做什么、创造什么、改变什么，或者在哪些地方需要转变思维，才可以拥有力量，把自己的生活打造得尽可能完美？

____

____

____

____

05　再次关注自己。

当你开始放下那个想要“攻略”的男人，你可能会感觉像掉进了洞里。但可以肯定的是，你自己才是你生命中最有趣的项目，其他的一切都得退居其后。

话题三　关系紧张

▶ 嫉妒，怀疑对方出轨

你因为嫉妒而痛苦万分；你担心他会欺骗你；你知道他出轨了，你对他毫无信任可言，总是怀疑他说的话是不是真的。

女儿 嫉妒在我所列出的令人不适、痛苦的感觉中位居前列。我经常感到嫉妒，也经历过被人嫉妒，所以我不得不深入地思考它。

妈妈 在这里我先要小小地鼓舞你们一下：我们常常感觉不舒服，是因为我们总是有恐惧、愤怒、嫉妒、羡慕或者卑微的情绪。而我将所有这些负面感觉、一切在我内心和生命中没有如愿的事情都视作一种情绪训练。这些反复出现的不够酷、不洒脱、不自由，以及无力和绝望的感觉，都被我理解成是在挑战我，为了让我更好地认识自己和发展自己。

我现在常说，我之所以能成为一名成功的、优秀的婚恋咨询师，是因为我曾有过一段艰难的婚姻。我经历过各种各样的挑战，所以我知道面对这些挑战时的无助，但我依旧可以战胜它。当你真正体会过没有爱的感觉，就是那些嫉妒、恐惧和无价值感……你才能真正学会爱。

战胜这些感觉，它们就会转化为爱，让你在情绪上进一步成长。不要再推开这些情绪，不要假装冷酷，而是要拥抱自己，通过冥想告诉自己："好了，我现在要经历一遍这些。"

没有必要去忽视、证明或修复身体的感觉。学习与不适相处，让身体按照它想要的方式运行，就是疗愈。

女儿 在大量的情绪"训练"以后，我现在的想法已经变了。在过去的恋爱关系中，我常常与嫉妒斗争。现在我能坦然地面对自己的嫉妒，并且理解它跟我的伴侣并无直接关系，而主要是与我的“水下冰山”相关。

坦白说，真正接纳嫉妒之类的不愉快感，同时不评价自己，而是越来越深入地走近隐藏其中的不安和对孤独的恐惧，是极具挑战的。我花了很长时间才在这件事上有进步。

我很想让大家避开由不安和纠缠构成的恶性循环。你如果因为无法联系上伴侣而感到恐惧，或者因为他与你保持距离而开始纠缠他，最后只会将他越推越远。比如他因为正跟朋友们在外面而没空看手机，所以没有回复你的消息，你就恐慌地构想出了一幅别的画面。

请摆脱这种恶性循环。第一步就是放下他，他不过是导火索，你要去感受你自己。这里并不是说他没有做错任何事情，而是说，你才是整件事情的“罪魁祸首”。根据吸引力法则，如果你自己感觉不安，那显然是你对此产生了共鸣，他或许只是用冷酷、生人勿近的表现掩盖了自己的恐惧，以免受到伤害。

这也说明你的不安不是毫无理由的。因为确实有许多男人没办法对他人负责，总在逃避亲密关系；也有些人既无法感知，也无法表现自己的感觉。在他们身边，你总有一天会感觉不安。

妈妈 不安是一种很自然的感觉，每个人都曾经历过。正如每个人都曾害怕被别人伤害，或者觉得自己不够好。但只有在我们不允许这些感觉存在，推开它们，或者试图控制它们时，才会出现真正的问题。

当我们排挤它们，它们就会变成一堵心墙，将真正的亲密挡在墙外；当我们尝试控制它们，它们就会折磨我们，并随着时间的推移变成一种病，就像嫉妒一样。只要你没有准备好感受自己的恐惧并去面对它，嫉妒就会一直折磨你。

女儿 我终于敢承认自己不够酷，而且很容易感觉不安，这对我帮助很大。我必须学会好好关爱自己，学会认真对待自己的直觉。它会为你敲响警钟，告诉你："这里有点不对劲。"或者说："这根本不是爱。"不要害怕，这虽然是你的直觉，但它常常比你的理智知道得更多。

我的直觉一般会很早就明确地告诉我："注意，这里有点不对劲！他没说实话！感觉不对！"当我将这些直觉表达出来，我又会听到自己说："你在说什么?！不要胡说！你让人压力很大，其实什么也没发生！"但事实上确实有事发生。所以我现在非常相信我的直觉。直觉就是导航和警报系统，我们要做的就是倾听直觉，按照直觉行动。

妈妈 你推开不安和恐惧时，才会经历痛苦的感觉和嫉妒带来的分裂感。因为这时它会由内到外地折磨你。如果你察觉到你们的关系出现了问题，或者你害怕自己不够好而会失去男朋友，你表现出你内心的真实想法，那就不是嫉妒。那时的你不过是个正常、脆弱的人。

嫉妒的感觉和你担心或已经知道伴侣背叛了你的感觉是相似的。你担心这份爱不稳定，害怕随时失去它。但同样地，表现出遥不可及、不可靠近的他，不告诉你他的需求，而是带着这些需求偷偷背叛你的他，同样充满不安，同样是出于恐惧无法真正与人交往。他同样不承认自己的需求，而是偷偷地、不负责任地在另一个人身上寻求满足。这仅仅是因为他也害怕失去爱。

如果你在一段感情中感到嫉妒，一直费力地争取爱和关注，那就可以确定，对方也感觉到了嫉妒。如果你遭遇背叛，那么你就会知道，他没有勇气真正坦诚地面对自己的感觉。他的情人和你一样害怕失去他。

无论感到嫉妒还是被出轨，你都需要鼓起勇气坦诚面对自己的感觉，然后不再要求对方对你坦诚。你要清楚地表达你的需求，倾听你的直觉。如果对方不敞开心扉，就不要放在心上。

女儿 我从我的嫉妒中学会了要更多地与感觉对话，就算它们让我很不舒服。我常常问自己："我当下的感觉是什么？我现在感到嫉妒吗？这与当下的情景有关吗？还是只是出于过去的恐惧？是我的直觉感觉到不对劲所以发出警报吗？还是我的内心正在上映一部从前就已上演过的旧电影？"

与妈妈谈话后，我明白了自己的嫉妒源于很早的过去。嫉妒中有很大一部分起因与我无关。

我的妈妈在怀我时常常陷入对失去的深深恐惧，因为我的父亲总是不在她身边，也总是联系不上。他那时的心思不在我们的家庭上，而是完全放在工作和朋友身上。由于父母之间的这种矛盾和我妈妈对失去的恐惧，95% 的那部分我意识到：与你亲近的人总会离你而去，不想和你在一起，因此你必须紧紧抓住他们。我妈妈曾感受到的所有恐惧和坏心情，都成了我的恐惧，储存在我的硬盘里。

还记得我们前面曾说过，我们从出生的那一刻起就能感受身边发生的一切，并且毫无知觉地开始相信，身边许多不好的事情都是正常的，尽管事实并非如此。我们自然地将所有感觉都当作我们自己的感觉，而它们从根本上而言并不是我们自己的体验。这也是原生家庭会在我们身上留下烙印的原因。

妈妈 嫉妒一定是令我们最苛刻指责自己的情绪之一。我们常常因为嫉妒而感到羞耻，希望没有人发现我们的嫉妒，有时甚至因此厌恶自己。请设身处地地想象一下：如果在你之后又有一个弟弟或妹妹出生，这对幼年的你而言是多么极端的体验！如果有另一个人突然夺去了父母所有的爱和关注，你的“水下冰山”会有多害怕！你真的能理解你那强烈的被抛弃和被背叛的感觉吗？

幼年的你是完全无意识的，你无法理解为什么现在有另一个人那么重要。或者你的父母离婚了，他们其中一个又开始了一段新的关系，甚至可能组建了一个新的家庭。此时你的内心又会产生怎样的恐惧？这样的早期经历会在不知不觉中导致你强烈的不安和嫉妒。

很多人这时候会急于否定，觉得“这好像是说我嫉妒我的兄弟姐妹和父母似的”。这很正常，因为你不一定能意识到这一切，但它们依旧在你的潜意识层发挥着巨大的作用。你一直在潜意识里害怕被冷落、被抛弃或者不值得被爱。

所以，当你感到嫉妒时，请将自己拥入怀里。拥抱自己，帮助自己，勇敢地、实实在在地去感受你的嫉妒。让你真正的感觉浮现出来——你那强烈的无价值感和对孤独的恐惧感。感受是疗愈之路的开始。坚持这样处理旧情绪，你会一次比一次更自由。

女儿 有段时间，我的嫉妒情绪很严重。那时我开始与妈妈谈论这件事，我们不断地探寻它的来源。我明白了我们作为孩子常常背负着父母的情绪。自那以后我知道了，那些让父母感觉受伤、难以面对的情绪转移到了我们身上。

有一次，我们谈到父母婚姻中一个很艰难的阶段，当时我第一次感受到，当年还是小女孩的我有多么感同身受。我意识到，那时的我非常渴望他们重归于好，我宁愿自己来承担这一切。我竟然因为希望一切重新好起来而愿为父母承担痛苦和忧虑！明白这一点之后，我领悟了很多。

妈妈告诉我，这种转移甚至可以跨越好几代。所以，不要再那么苛责自己或他人。我现在的想法很实用，我也建议你：当你感到妒火中烧时，将自己剥离出来，独自去感受一下。告诉自己，你所有的不安也许根本不是来自正在经历的事，它也许源于你还很小的时候，也许源于你的家庭。而且不要忘记：对方也有自己的故事。或许让你那么不安的他此时并没有做什么不好的事，只是他隐藏的不安触发了你内心压抑已久的深深的恐惧。

我曾经历过一段痛苦、疲惫的时光，它最终让我成长了很多。我那时一步步将整个故事从潜意识层拉到意识层，并最终意识到：我不再是那个依赖父母的爱的小孩子了；我也不再需要承担他人的恐惧和软弱；我现在已经长大成人，可以照顾自己了。

我可以跟着感觉走了，我相信自己的感受。我曾在恋爱关系中经历过的依赖感和无力感再也不会发生。我不会再如此纠缠，也不会再长期忽略我的直觉。今天的我知道：许多事情没有客观的真相，尤其是与心灵有关的事。当内心的警报响起，我越来越能够跟随内心的真相，然后慢慢重获安宁。

怎么做？

HOW TO DO

01 感到嫉妒时，不要因此指责自己，而是去爱自己。

02 敢于去感受自己的嫉妒，不要害怕它。

回想一下，你第一次产生这种感觉是在哪个年纪？就算你无法理解，但你能想到的那个年纪一定是对的。回到你曾经还是小女孩的那个世界，在想象的世界里拥抱她。

03 不必原谅过去。

你可以跟父母聊聊当年发生了什么，他们的内心又发生了什么。你会明白，虽然那时发生的事伤害了你，但你的父母已经竭尽所能了，这样你就可以找到平和的心态。

04 深陷嫉妒或恐惧时，就练习冥想。

在冥想中，你可以凭直觉感受到，这些感觉对你和你内在的小孩是有益的。

05 相信你的直觉。

当直觉告诉你某件事不对劲时，不要让你的大脑告诉你这没什么，要相信直觉。

话题三　关系紧张

▶ 为了谈恋爱而谈恋爱

一段恋情刚结束，你就已经进入下一段恋情了；一旦跟上一任分手，你便马上跟另一个人网聊或者见面。你不会让自己有空窗期。

女儿 我有一些朋友从来没有间断过恋爱。起初我非常不解。她们分手后最多两个星期，便可以开始跟新人网聊。现在我知道了：她们不是日子过得潇洒，而是无法独处。她们永远需要身边有人。

如果你也是这样的人，那么诚实地问问自己，“无缝衔接”真的让你快乐吗？你的感情为什么一次次失败？如果你身边没有别人，只有你自己，会怎么样？如果你刚刚结束一段感情，不如花点时间思考一下究竟发生了什么，为什么它走向了终结，为什么有些事情总是频繁重复地发生。

如果你不花时间搞清楚这些，那就不用期待下一次能发生翻天覆地的变化。

妈妈曾对我说："如果你自己都无法忍受跟自己独处，为什么别人要觉得跟你在一起很愉快？"我现在知道不能独处是多么令人疲惫。如果你无法独处，终有一日你将不再拥有太多自己，而是要始终活在别人的世界里。

妈妈　频繁地从一段恋情跳到另一段恋情，是一种瘾。你依赖他人，因为你害怕遇见自己。不要自欺欺人地说："我是万人迷！"如果你安静片刻，坦诚地面对自己，你会发现一切都在不断重复，没有任何一段关系真正持久。

当然，毕竟换了一个人，总会有点不同。但是总体而言还是旧调重弹，旧事重演。所以，进行"关系节食"很重要。不间断恋爱的习惯有点像你每天都要吃糖果，或者每晚都要喝酒。终有一日，你必须对自己喊停，忍受内心的空虚。你要告诉自己："我很勇敢。我在感受内心的空虚。我需要停下来，需要一段完全属于自己的时间。"

坦白告诉你，刚开始一定不好受。你依恋约会、恋爱关系或男人的时间太久了，借此逃避自己太久了，改变初期必然会带来恐惧。但是如果你鼓起勇气坚持下去，你就会迎来真实、美妙的体验。你的内心终于可以与自己相处，发现自己是谁了，你对自己真正需要什么充满期待。

如果你刚好结束了一段感情，请你无论如何都要告诉自己："现在轮到'我'上场了。现在只有一种关系：我和我的关系。"你现在听不进去也没关系，你因为不愉快而分手，又很快找到了新对象，那其实只是停留在了事情的表面。如果一件事情一次又一次地重复，那你一定还没有认识到：所谓"恋爱关系"，是你真正走近一个人，跟他一起去经历。这是特别重要的。

女儿 我不希望大家在遇到芝麻小事时落荒而逃。我相信你有一天一定会和某个人一起渡过难关。你可能会想："不可能，我忍受不了，这太痛苦了，我可能会不舒服。"但当你和某个人一起经历过这些阶段，你就会发现："哇哦，我们一起做到了！我们现在甚至比从前更亲密了。"我相信，那时才会真正产生信任感和"在一起"的感觉，你和他之间的关系也终于可以缓和。

但是，如果你一遇到困难就逃之夭夭，或者一分手就找新的对象，那不是你很酷，而是你害怕亲近。你需要很诚实地承认，并不是你过得很洒脱，而是你根本不知道如何与人相爱。

怎么做？

HOW TO DO

01 问自己1：

是什么让我心动？

我在一段感情里真正需要的是什么？

我在现实中的恋爱关系里弄明白这一点了吗？

我是否已经为自己而活？

---

02 问自己 2：

我和伴侣会逃避话题吗？

____

____

我是否会在恋爱关系中扮演“和事佬”的角色？

____

____

我是否常常对问题视而不见，认为“最重要的是关系还在继续”？

____

____

03 在开始新的恋爱关系之前，先给自己留一点时间。

当你完全属于自己时，你会做什么？

____

____

一个人的时候，有什么事能让你感到开心吗？

你觉得独处的生活有趣吗？还是你需要别人把它变得有趣？

话题四　分手之痛

▶ 为什么有时候必须放手？

你们的关系若即若离，你控制不住地期待手机弹出他的消息；你明明知道必须分手，也知道你们之间永远不会建立真正的关系，但你满怀期待，最后饱受折磨。

女儿 你花了一段时间说服自己，说你们之间有进展。有时你们的约会很愉快，或者你至少会在约会后想象你们在一起的美好。但是你很清楚地知道：如果你问他打算什么时候一起做一些真正关乎责任的事，那一定会带来痛苦。因为他会离开，你永远听不到任何具体的承诺。

这样的事似乎总是在我朋友身上发生：她和对方见面约会，一谈到具体的事情男生就消失。我另一个朋友跟一个男生聊得火热，但每当话题趋向深入或者涉及他们两人的未来时，对方就立即闭口不谈。还有一个朋友，她跟一个男生已经暧昧好几个月了，但对方从不主动走近她，他们之间也看不到任何发展方向。到达某个点，男生就会觉得他们之间的交往太多、太紧密了。

这样的事情数不胜数，你肯定也听过不少，甚至你自己可能都经历过。这样的交往完全称不上是一种“关系”。但你现在应该明白，事情发展到这个地步，不完全是偶然，你并不只是因为遇见了错误的、有依恋障碍的人，你自己也是原因之一。你会跟一个不与你亲近、对你模棱两可的人在一起，那是因为你也没有明确地忠于你的内心。

你有没有想过：为什么我们这一代女性在职场或其他领域可以搞定一切，也很有主见，唯独在约会这件事上畏首畏尾？约会时你变得能容忍一切，不敢告诉他：你觉得他左右摇摆的状态很讨厌、很愚蠢。你不敢清楚地表达自己，不敢说自己想要什么、需要什么。虽然你有时想做出改变，但你其实并不知道自己想要什么。

我在这本书的开头已经写过，我自己也曾有很长一段时间陷入这种暧昧不清、来回拉扯的“伪关系”中。我事后常想：

要是我能真正去感受我的内心，早点认清我跟他之间根本没有进展，勇敢地告诉他我的期待或者我想象中的关系是什么样、不是什么样的，那我就不必经历那么多的摇摆和痛苦了。但是最终，对被拒绝和被抛弃的恐惧占了上风。我宁愿在期盼中拥有他，也不愿意明确地告诉他我要什么、不要什么。

如果我明确地告诉他自己的想法，这段关系很可能会早早结束，这也是我建议的健康的分手。你能勇敢地跟不真实的关系一刀两断，就能更快地进入真实的关系。记住：他不想打开心扉，不代表你不值得被爱。很可能不是因为他不喜欢你，而是因为他害怕。就像我害怕发现我们可能无法拥有真正想要的那种关系。

要是你发现你们之间毫无进展，你们的关系完全不符合你的愿望，那就尽早承认这一点，对自己诚实，也对他诚实。当他意识到你在感情上疏远他了，他或许会突然有一些情感的迸发。但你千万不要以为：“太好了，一切都好起来了。他就是我的梦中情人。他突然变得那么亲密！”你知道的，一旦你重新靠近他，他很快就会再次离开。

为了摆脱这样的“伪关系”，你需要戒“瘾”。你要下定决心成为不在期待和依赖中活着的女人，而是成为对自己负责、清楚自己需求的女人。你要站起来，维护你的需求。就算有些犹豫，你还是愿意放下对你不好的人。

成为这样的女人必须学会独处。戒瘾成功的话，你可以一个人做很多事，能为自己负责，在“伪关系”中也能很快清醒地认识到：我一个人过得很好，为什么要这么折磨自己？为什么要给自己这样的压力？为什么要继续这样“逃与追”的游戏？

妈妈 听说过《灰姑娘》的童话故事吗？她和恶毒的继母还有两个善妒的姐姐生活在一起，只能靠吃面包屑生活。如果你陷在这样的关系里，心理上像灰姑娘一样满足于一点面包屑，期待的同时又痛苦着，那说明你没有读懂这个童话。灰姑娘的肉体虽然有一段时间依赖面包屑，但她的内心充满了爱。

她没有被两个姐姐和继母打败，没有依附在她们身上或期待她们的爱。她从不将自己的幸福寄托在三个内心无爱的人身上。她常常回到自己的小世界里，温柔、充满爱心地和动物、大自然共居，深信自己一定会拥有真挚的感情。

想象一下：你放下了那个不爱你，只给你分一点感情面包屑的男人。虽然一开始你会感觉孤独，但你学着在自己的小世界里和自己独处，你可以将一直以来围着他转时的热情拿去进行冥想。你每天都会安静地在内心深处唤起温柔的感觉，慢慢地越来越珍视自己，活得越来越自信，就像你梦想中的关系是存在的一样。

你会开始有更多爱，你感恩生活，在冥想中用所有的热情去设想你的生活，感受你的生活，仿佛它已经成了现实。即使过去的恐惧再次袭来，你又想纠缠着对方不放，你也能坚持自己的信念。你不再让自己被恐惧席卷和拖拽，而是像灰姑娘一样和自己的内心世界还有爱待在一起，真真切切地感受这种美好。

这些现在听起来或许还很奇怪，但我们的大脑、潜意识和经验世界就是这样运转的，它们都随我们的信念和感觉而动。这是可以真正由你自己决定的事情：对事物的看法和因此产生的感觉。你的想法和感觉拥有创造的力量。你内心感觉什么，便吸引什么。因为你的大脑无法辨别，你是不是在电影院看了场电影又哭又笑，也无法辨别你在想象和梦境中感受到的幸福感和联结感是真是假。

彻底忘掉那个只给你“面包屑”的男人吧，你或许可以在心里和生活里创造一个完全不一样的世界。你可以静静地靠自己去创造期待从他身上得到的东西。只有摆脱依赖，激活新的力量，才能带来新的体验。无论你当下的处境多么艰难，只要坚守内心的爱，它就会往外流向你。

请再认真读一次灰姑娘的故事，你会发现灰姑娘最后就是这样做的。

灰姑娘受到了继母和两个姐姐的虐待和压榨。她们三个象征的是无意识，她们不再相信爱，不懂如何爱。她们贫穷，求财若渴，只想找个好对象，遇见富有的王子，就像有些女孩只想遇见一个帅气、迷人的男孩。

她们假装很富有，隐瞒自己的贫穷，其实就是隐瞒自己的恐惧、过去的伤口、嫉妒和不安。她们制定了一套策略，如何打扮自己，假装很酷，在学校里假装是一个真正的公主，也就是她们假装成一个真正充满爱心的女孩，希望通过这些得到一个王子。

她们拥有远优于灰姑娘的外在条件，却将其掩盖，结果王子看不见她们。在童话里，灰姑娘代表我们的心，可以肆无忌惮地、无条件地去爱，但我们所有人都想将它封闭起来，因为它让我们变得脆弱。

灰姑娘（你的心）身上有真正的爱，你知道它会给你的生活带来什么。但过去的经历告诉你，敞开心扉去爱会带来痛苦，你可能会失去爱情和你爱的人，那种感觉就像是心都被撕碎了。所以，童话里的灰姑娘失去了妈妈，父亲娶了善妒的继母。

灰姑娘孤零零地坐在那里，遭受排挤，耳朵里只听见:“你一文不值，又矮又丑，只配住在厨房里，吃点面包屑，永远都不会拥有爱情。”这时，灰姑娘（你的心）会怎么做？灰姑娘没有缠着那些不懂爱的人，强迫她们看见她、爱她，她也没有每天化妆，打扮自己，跟这三个人竞争。

但她在爱。她爱动物，爱植物，爱自己。她歌唱，快乐地享受身边的世界；她做梦，自由地感受爱。她一次又一次地这样做，一个普通的南瓜突然变成了马车，小小的灰老鼠成了彬彬有礼的车夫。在那个神奇的夜晚，她来到了洋溢着节日气氛的城堡，遇见了完美的王子。

他完全敞开心扉，看到了她的爱和美貌。

这其实喻示着，当我们利用“神奇的时间”时，我们周围的世界会发生什么。“神奇的时间”就是我们安静冥想的时间。我们如果在这段时间里学会了重新去爱，持续地坚守我们的爱和梦想，就找到了通往潜意识的路。

就像灰姑娘只是去爱一样，她没有问自己：“谁是我能依靠的最酷的男孩？”她爱老鼠，爱南瓜，爱葡萄和扁豆——爱她身边稀松平常的事物。就这样，她改变了自己简单、平常的世界，神奇地吸引了越来越多的爱。

最后，吸引力法则生效了：即使灰姑娘在黎明前从神奇的时间里出来，所有的魔法都消失了，王子依旧找到了她。他认出了谁才是那个真正能穿上水晶鞋、真正有爱心的姑娘。

黎明的喻义是，我们冥想时在无意识、看不见的内心世界创造的一切会慢慢成为现实。在内心世界紧张地工作一段时间后，我们会发现，自己不再需要将希望寄托在别人身上，不再需要斗争。回到现实生活中之后，爱在等着我们，甚至开始寻找我们。

现在，王子来找灰姑娘了，而且没有上两个姐姐的当。他看穿了她们所有的把戏，知道她们不是水晶鞋的主人。他找的是能穿上水晶鞋的人，追求的是真正的爱情。他没有放弃，没有离开，也没被小把戏蒙骗。他活得像一个王子——王子敢于听从自己的内心。

童话在心理学上具有重大的象征意义。我们给你描绘的秘诀，就是这样藏在灰姑娘的象征意义里。这一切都是内在力量的外化。

女儿 回到现实中来，我所写的那些男人，都不是像灰姑娘的王子这样的。许多人只有在极度害怕失去或者喝醉时才会显露真正的感觉和他们自己的不安。你或许经历过对方突然对你说，他觉得你有多好；或者他一副受伤的模样，把眼睛瞪得圆圆地问你：“你为什么和我在一起？你值得更好的！”

这时你便败下阵来，心想：“我要拯救你。我要让你看见，我们在一起之后一切会多么美好。那时你一定会真正爱上我。”

但是拯救别人不是你或者我的任务！妈妈常常给我讲童话

故事，剖析它们深层的象征意义。我们会看见，每当公主勇敢地相信爱，给青蛙一个吻或给怪物一个拥抱，他们就能改变，甚至会发生奇迹，比如青蛙变成了真正的王子。但这并不意味着公主会单纯出于爱让他们免于一切考验。

要想进入城堡成为国王，王子必须孤身降龙或解除诅咒。没有一个公主会替犹豫不决的王子举剑，告诉他如何毫发无损地穿过荆棘篱笆，或者在他自己无法胜任的时候，给他念屠龙说明书。真正的公主明白，跟一个左右摇摆、不知道自己想要什么的王子在一起，她永远无法成为王后。她宁肯继续等待，一个人住在城堡里，自己照顾好自己，关爱自己的内心，也不会去将就一个懦弱的王子。

你想成为真正的公主吗？那就鼓起所有勇气，离开那些嘴上喜欢谈论龙，却不与龙战斗的王子。如果你想获得幸福的关系，就要保持清醒，学会在日常生活中坚持爱，过好自己的生活，关爱自己的内心。这样，内心同样坦诚的男人才会出现。

怎么做？

HOW TO DO

01 坦诚地问自己的心正牵挂着哪个男人。

他是不是从未有过具体的告白？你们甚至没有真正约会过？继续等待他改变是在浪费宝贵的时间，这个时间你可以用来关爱自己。

02 离开他的世界，转向自己。

试着拉开距离来看待他做的事。

03 写下你喜欢的和让你快乐的事情。

将纸条挂在显眼的地方，监督自己常常做纸条上的事情。

04 练习冥想，直到你意识到：

我内心有东西融化了，我能越来越轻松地放下对我没有好处的事情。

话题四　分手之痛

▶ 如果你就是放不下他

他突然跟你分手，出乎你的意料。你越不过这道坎，很长一段时间后也无法接受分手。你活在过去，不断跟你逐渐失去耐性的朋友回忆过去，依旧对他死缠烂打。

女儿 很多人都遇到过这样的场景：男朋友跟你分手了，你只能无助地坐在那儿，什么也做不了。你不明白为什么你们会分手。你在心里大声地咒骂他，同时又找了一千个理由来说服自己你们还能继续，过去曾经很美好。你不知道该如何结束，不能接受一切真的都过去了。简单来说，你跨不过这道坎。

朋友想对你表达同情，但他们渐渐也不知该说什么，该怎么帮助你。其实所有人都认为，你应该放下他。你自己也知道，这是唯一正确的做法。他已经离开了，只不过在网上发布了一些内容勾起了你的回忆，或者给你的图片点了赞，但是这不意味着他会回心转意。

你什么也做不了，去想或者去说这件事改变不了任何事情。你现在要做的是消化痛苦，然后有意识地放手。不要再去回忆你们之前的画面，或者用一千种方法解读他在社交平台发的一条帖子。他走了，一切都结束了。

你知道我为什么能痛下决心吗？因为我发现，有一个人从未在我的脑海里出现过，那就是我自己！我无止境的埋怨和忧思的主角只有他，这种感觉就好像我是个没有妈妈就会死的小婴儿！

当然，每个人都需要一段悲伤的时间和一群能给予你安慰的朋友。这很有用，也很重要。但是如果你发疯般地揪着过去不放，只是伤害和摧毁自己，那你就是对自己不负责，不关爱自己。你把一切期待都放在别人身上，可没有任何人愿意承担这副重担，总有一天会让人逃离。这就是理想世界的生活和现实的残酷。

妈妈 你或许会问自己：为什么我放不下？

其实作为成年女性的你可以放下，放不下的是你内心的小女孩，她觉得爱人离开令人迷茫和无助。也许很早很早以前，早到你甚至没有意识到的时候，你曾经历过失去。那感觉太过强烈，你无法消化。这次分手正好激活了你“冰山”中的某个部分，它现在处于震撼之中。过去的感受一拥而上，你毫无招架之力，此时你没办法一个人生活。

放在过去，这很正常，但现在你已经是一名成年女性了，你可以站在小女孩的身边支持她。回到那个时候，问问自己：

你是否突然被你爱的人抛弃过？

你的家庭中是否发生过分离？

你父母中是否有一方曾经历过巨大的失去？

就算你已想不起，但我还是要问：

你内心是否产生过巨大的失去感，你不知该如何消化和处理它？就像今天的你一样，认为自己无法消化这种失去感。

你很可能被困在了过去的感情里。它已经过去了，而你却没有走出来。孩童时的我们在面对巨大的分离之痛时往往会这样做。当我们面对某个人的去世或离开心碎时，我们会想象他还在，我们的爱还在。而且孩童时的我们经常这样做，尤其是痛苦巨大到我们无法吸收时。这时，我们在内心建造完美的幻境，假装亲人还没有离去，还活在我们心中。有时这是我们摆脱痛苦的唯一出路，因为还是孩子的我们需要这个联结。

但当我们成年以后，用同样的方式去面对失去和分离无异于彻底的自我毁灭。现在我们要学着与痛苦和结束和解，要准备好治愈伤口，要耐心、悉心地疗愈破碎的心。

你准备好做一个大人了吗？

女儿 我的一位男性朋友最近被女朋友甩了。这事发生得猝不及防，他大受震撼。他以前遇到这种情况通常是躲起来，转移自己的注意力，但这一次他没有，而是待在父母家里。起初他感到很惊恐，他跟我说：“太可怕了！换作以前我早就跟朋友们出去嗨了。但现在我待在父母家里什么也干不了，脑子里一团乱麻。我很伤心，悲伤到无法承受。”

两个星期之后，我们又见了一次面，他非常诚实地跟我说了近况。他说："我哭了个痛快。感觉真的糟透了，我从来没有过这种感觉。但我现在觉得我完全走出来了。我接受了，所有这些情绪、感觉我都接受了。我第一次没有把它们推开。现在我感觉自己已经跟这件事做了了断。"

在我看来，这位男性朋友虽然不情愿，但他做了唯一正确的事：真正走过痛苦。遭遇分手时，我们除了彻底地走过去，没有其他选择。不要留有希望，去猜测、纠缠、抓着过去不放，而是要去感受。

接下来要进行的练习就是，问问自己：我曾产生过这种可怕的感觉吗？它源自我和我当下的经历吗？还是它源自过去？

学会这样主动去处理所有情绪，终有一天你会发现慢慢变得轻松了。走过你痛苦的来时路，你将获得无法想象的、巨大的解放的力量。

怎么做？
HOW TO DO

01 如果男朋友和你分手，就做一个感受痛苦的专家。

不要转移注意力，不要控制情绪。勇敢地去观察每一种情绪，但不要被吞没。练习如何去感受，但依旧试着不断放下，专注于新事物。

02 多理解和同情自己。

心碎令人痛苦，悲伤的时候请好好对待自己。

03 前进一步，问自己：

我过去什么时候有过类似经历？

____

我经历过类似的恋爱关系吗？

____

生活中是否有重要的人突然离去？

回忆这些情景，并带着它们进行冥想。

话题四　分手之痛

▶ 不要怕主动提分手

你只是接受别人的爱。你觉得自己并不爱对方，必须离开，但又不敢，因为害怕伤害对方。

女儿 我有一位朋友发现她的恋情早已不像她所希望的那样，她意识到“我必须分手”。当时，她良心非常不安。这种情况持续了好几个月，她很沮丧，想要离开，但内疚感让她留下来。她备受煎熬，直到几乎被这种情绪吞没。

我自己和很多朋友都有过这种经历：缺乏勇气，拖延，不断找理由说服自己分手行不通，或者应该再给这件事情一个机会；但同时又心知肚明，只有迈出最终那一步，说出“分手”，才会感觉轻松。

妈妈 分手对对方而言也是他可以得到的最大、最好的礼物。这迫使他向前走。这是他需要去做但一直不敢去做的事。就算你的男朋友不承认，但你要相信：如果你在你们的关系中不幸福，那么他同样也是。他只是对这一切都置之不理。当你告诉他“我觉得我和你走不下去了”，他的生活中便出现了一个洞。很多人都需要这个洞才可以走出来。有的时候，为了向前走、迎接新事物、清理内心，我们必须经历疼痛。

女儿 有一点我认为非常重要，但常常被忽视：人们总以为只有被分手的人才会感到痛苦，但实际上主动提分手的人也会。提分手的人一开始可能感觉松了口气，但接下来同样需要一个治愈的过程，需要给自己许多爱和接纳，因为需要治愈那种伤害了某人，甚至令某人心碎而产生的感觉。

我跟男朋友分手时，一开始并不清楚我会有多难受和多内疚。但我记得，在终于做出分手的决定之后，我呕吐了五天才和他分手。我还记得，因为难以承受那份痛苦，我很快就把自己如山般的负罪感和内疚感藏了起来。

我是爱过他的。我离开了那个比大多数人都要更亲近我的人。但是回想起来，这依旧是正确的决定。在分手之后，你需要一段时间来原谅自己，承担你应该为整件事情承担的那部分责任。你要知道，你也需要时间疗伤。

怎么做？
HOW TO DO

01 如果你们之间的关系发展到你觉得必须分手了，请记住：你可以这么做！

不要责备自己。除了你自己和你的心，不必对任何人负责。

02 给自己足够的时间消化分手这件事。

练习原谅，包括对自己。

后 记

了解自己、爱自己，拭目以待新感情！

女儿 希望你能慢慢明白，除了守着手机苦等某个人的消息，你还有很多选择。你不必感到失落，不必因为别人无法敞开心扉、不懂爱而折磨你自己，不必忍气吞声地留在你早就想放弃的恋爱关系里，不必参与所有你并不喜欢的事情。你有很多别的事可做。

我以亲身经历告诉你：你对生活中发生的一切事情的影响力远远超过你的想象。如果你现在明白了，真正的改变是来自内心而不是外部环境，那是时候了解冥想了，冥想是我们改变内心的十分重要的工具。

冥想不是盘腿坐在一条不舒服的长凳上进行某种修炼。冥想不需要你主动做任何改变，不需要钱或者特别的教育，不需要旅行，也不需要任何人辅助。你只需要做一件事：舒服地坐下，闭上双眼，安静几分钟，聆听带领我们的声音。

冥想的这段时间里，需要你忘记外部环境。因为你现在经历的一切，都是由你至今为止的信念和感觉决定的。如果你希望有新的事情发生，就得先脱离你习惯的思维和忙碌的日常，不让你内心的旧程序继续运转。

你一开始可能无法适应，很可能在试图安静的时候感到不安，就好像坐在蚂蚁堆上一般，感觉痒痒的，有什么东西在拉你，各种想法在脑子里盘旋，甚至会觉得："为什么要无所事事地坐在这里？真荒谬！"

我已经这样做过几百次了，我可以告诉你：这件"荒谬之事"一直在你的内心发生，只不过你现在安静下来后才第一次意识到。另一件很"荒谬"的事是：如果你不去有意识地感受这个，你身边的其他人就不得不一直忍受你的情绪。那些与你亲近的人都会感受到你的慌乱、不安、紧张，并对此做出反应。如此，你心里的蚂蚁堆会继续将你带到你不喜欢的情境中。

在冥想中，你会第一次真实地感受你的想法、感觉和身体的知觉，正是它们让你如坐针毡。你会短暂地感觉不舒服，但练习一会儿你就会发现，你安安静静地闭着双眼，直接触碰到了那个情绪硬盘。它就在你可以更新它的地方，不是在外面，而是在你心里面。这是你能与自己安静相处的最好的地方。

对我而言，练习冥想就像使用社交平台一样自然。唯一的区别在于：冥想时，我进入了一个属于我的大世界，它可以由我设计、决定，我可以从内到外改变我的生活；而使用社交平台时，我被吸入了别人的世界，手指一点，就看到别人喜欢什么，相信什么，买什么，看他们喜欢和不喜欢我的什么。

大家可能都觉得待在别人的世界里是件再正常不过的事情，但事实上这很荒谬。因为这样是让别人决定你的世界。这样下去，总有一天你会觉得这比自己设计和决定自己的世界更正常。

我在努力做出改变时还是会看社交平台，但我几乎每天早上都先感受自己的内心。科学研究已经发现，冥想可以改变我们的大脑结构、细胞和心率。世界各地的许多大学都有研究表明，定期练习冥想可以对我们的幸福感、两性关系、健康，还有许多其他方面产生积极的影响。它被称为“专注力练习”，可以增强我们的免疫系统，缓解肌肉紧张，减少恐惧，减轻痛苦。它的益处还有很多。定期练习，你就会越来越擅长、越来越轻松，渐渐得到你想要的结果。

了解了冥想之后，现在你只需要做两件事就可以改变生活：第一，定期在白天抽出 5 ~ 30 分钟时间；第二，在内心设想一种新的生活。如果你现在想象不出那个让你真正感觉幸福的新生活也没有关系，尽管去想。要想创造新生活，你的想象至关重要。

你需要目标，需要重新感受自己和自己的可能性。我们知道，在经历了很多糟心事之后，有些人会失去信念。人很难在这个时候去想象自己过上更好的甚至无忧无虑的生活。但你可以通过提问一步一步地引导自己，就像看一部内心世界的电影。它会让你成为新生活的女主角，它会改变你的生活。

我的冥想经验

女儿 我想分享一次很重要的冥想经历。我当时在参加一次研讨会，有个人在会上举了无数个例子证明冥想甚至能治疗重病。他是一位科学家，给我们解释了这种现代的、极富创造力的冥想和看见情绪的训练对我们的大脑、神经系统、生化特征和细胞的影响力。

我被彻底打动了，带着“我也要做到”的念头回了家。那时我已经进行了很多次小的冥想训练，当时正好是我的考试周。每个考试日的前一天，我都会兴奋地坐下，想象大学里的一切有多么简单。我给自己描绘了一幅画面：一个平时极易紧张的女生毫无压力地去考试，每次都感觉良好，总是得到高分。考试当天的早上，我又坐下来练习了一次冥想。最终，我的平均分匪夷所思地提高了整整 1 分[1]。

妈妈 我最后一定要给你们讲讲另一个例子。一个年轻的女人，她来找我的时候刚刚分手，处于极度放不下的状态。因为分手发生得太过意外，完全出乎她的意料，所以她很震惊。他们两人已经同居并且有了对未来的计划。

当时我带她进行了冥想。在冥想中，她有意识地处理了过去的程序、恐惧，同时还有剧烈的痛苦。随后，她明白了痛苦

① 德国实行 6 分制，满分为 1 分，4 分及格，5、6 分不及格。——译者注

源自何处，自己的内心有什么样的恐惧。然后她开始慢慢地在内心想象一种更自由、与上一段关系的质量完全不同的关系。

她越来越清楚地知道，她的上一段关系与她内心的需求有多么不符。最后，她开始定期在想象的感情世界里敞开心扉。慢慢地，她开始放下那个男人，同时开始设想全新的生活。她甚至辞去了她早已不喜欢的工作。

有一天，她在购物时偶遇了一个男人。她告诉我，他们很自然就约会了，一起度过越来越多的时间。他们小心翼翼地了解对方，发现他们都通过痛苦的经历获得了巨大的成长。后来，她神采奕奕地来到我的课上，告诉我："我们在一起了。一切都跟我的上一段感情完全不同。您知道吗，我什么都不想要，也没有花力气去做什么，但我们之间就是那么合拍。我们不是芭比和肯（玩具娃娃，一对情侣），而是两个对自己和过去有所感知的人。我们知道，如果两个人不是相互关心的话，会很痛苦。"

女儿

现在，行动起来。闭上眼睛，了解自己，爱自己，对这份爱带给你的新生活拭目以待吧！

译后记

“爱自己”的土壤，孕育名为“勇气”的花

我很庆幸翻译了这本书，而且是现在的我：一个 32 岁的女人，无业女博士，三岁半孩子的妈妈，夫妻异地，与公婆同住。

在我们所处的社会里，其中任何一个标签都会引起人消极的联想。所有这些标签，也确实给我带来了问题。有时是依次的，有时是杂糅的，我也说不好到底谁先谁后、谁主谁次。我对自己的认知越来越模糊，而阅读和翻译这本书让我开始慢慢了解了自己，看清自己的处境。也正是因为我现在的处境，让我更深刻地理解了这本书。我相信，两年前的我绝对

无法真正读懂它。

表面上看，这是一本关于两性关系的心理书；而实际上，它的核心思想适用于一切心理问题。因为一切心理问题都不过是关系问题，是与自然、社会、上级、同事、朋友、伴侣、子女、公婆等的关系问题，但最重要的是与自己的关系。所以，正如两位作者在序中所写的，即便现在困扰你的不是感情问题，你也可以在这本书里找到出路。

这不是一本你读了就能马上感到快乐的书，因为它是一本成长之书，而所有的成长至少一开始都是痛苦的。你会痛苦，是因为它开宗明义地告诉你：生活中所有的不如意都有你的一份责任。这感觉就好比你受到伤害以后有人跟你说“活该”。我们必须对自己和别人坦诚，这意味着要将自己消极的一面展现给自己和别人看。

“自我解剖”的滋味当然不好受。我在翻译这本书的时候并不是满心欢喜的，而是跟着它审视自己的内心，痛苦地感受着那些不好受的情绪，然后再向“冰山”底层探求它的来源。渐渐地，我感受到我的内心发生了某种变化。具体而言就是承受痛苦和治愈自己的能力增强了，因为我越来越懂得接纳自己。

但这是一本能提高你快乐能力的书，因为它告诉你如何在向内看见自己、清理垃圾之后，在内心重新建造一个自己想要的世界。

我们现在的经历不一定是因为现在的处境，可能只是我们心里的孩子没有长大。过去的恐惧被现在的处境激活，因为害怕过去的恐惧来袭，所以我们现在惶恐不安。但本书明明白白地告诉我们，不用害怕，因为我们已经长大了，过去我们不能承受、无法处理的情绪，长大的我们可以处理了。只是我们被过去的恐惧困住了，所以不敢迈出步伐。

当我们看清楚这一点，明白恐惧的来源，就会拥有重新开始的勇气。获得勇气的秘诀就是“爱自己”，关注自己、感受自己、善待自己；弄清楚自己是谁、想要什么、喜欢什么、不喜欢什么，并且坦诚地表达。不要因为担心真实的自己不被人喜欢而伪装自己，因为如果对方不喜欢真实的你，那是他该关心的问题。这很像当下流行的“课题分离”，或者网上很热的“把自己还给自己，把别人还给别人”。

当然，做自己和爱自己都不是件容易的事。所以我们要做好心理准备，迎接恐惧、不安的反复出现。这本书并没有告诉我们一劳永逸的办法，但是请你相信，你一定会在一次一次地爱自己以后变得越来越平和、越来越强大！

作为深度阅读者，我同时想凭个人的阅读经验提醒你在阅读时不要掉进陷阱。这本书虽然在强调“爱自己”的重要性，但它不是一本怂恿人分手、独身的书。恰恰相反，作者反对遇到问题就换伴侣。它只是教我们认清自己的感受，放下不爱你或者你不爱的人，不是教我们在感情中遇到困难就退缩；也不要将“爱自己”和“爱他人”对立起来，把自己变成刺猬，认为爱别人多一点就会爱自己少一点。正如作者在书中所写的：“我必须向前走，不是与其他人逆向而行，也不是以一种斗争的姿态处世。”

当我不知不觉翻译到“后记”时，我意外地发现，自己的内心结结实实地颤抖了一下。就好像即将结束一段旅程，要和作者及作者笔下曾经或正在经历痛苦的“朋友”们分别了，心里居然有一丝离愁。翻译这本书时，我好像一直在跟作者对话。她们写的每句话，都直直地戳入我的心窝。我有时赞同，有时反驳，在这一来一去中，我曾哭泣、不安、释然，握紧拳头复又松开。

但愿这本书也能成为你的朋友，能让你说出你的感受，也能聆听你的感受。

陈　琴

2022 年 10 月 20 日于广州